高等学校"十二五"规划教材·土木工程系列

园林工程识图与工程量清单计价

主　编　史静宇

哈尔滨工业大学出版社

内 容 提 要

本书根据《建筑制图标准》(GB/T 50104—2010)、《总图制图标准》(GB/T 50103—2010)、《建设工程工程量清单计价规范》(GB 50500—2008)等现行标准规范编写,主要内容包括园林工程识图基础;园林工程工程量清单编制;绿化工程识图与工程量清单计价;园路、园桥、假山工程识图与工程量清单计价;园林景观工程识图与工程量清单计价;园林工程竣工结算与竣工决算。

本书可供园林工程造价人员使用,也可作为高等院校相关专业师生的学习辅导用书。

图书在版编目(CIP)数据

园林工程识图与工程量清单计价/史静宇主编. —哈尔滨:哈尔滨
工业大学出版社,2012.12
ISBN 987 - 7 - 5603 - 3879 - 8

Ⅰ.①园… Ⅱ.①史… Ⅲ.①造园林-工程制图-识
别②建筑工程-工程造价 Ⅳ.①TU986.2②TU723.3

中国版本图书馆 CIP 数据核字(2012)第 298607 号

策划编辑 郝庆多 段余男
责任编辑 王桂芝 段余男
出版发行 哈尔滨工业大学出版社
社 址 哈尔滨市南岗区复华四道街 10 号 邮编 150006
传 真 0451 - 86414749
网 址 http://hitpress.hit.edu.cn
印 刷 黑龙江省委党校印刷厂
开 本 787mm×1092mm 1/16 印张 14.75 字数 350 千字
版 次 2012 年 12 月第 1 版 2012 年 12 月第 1 次印刷
书 号 ISBN 987 - 7 - 5603 - 3879 - 8
定 价 30.00 元

编　委　会

前　　言

近年来,随着国民经济的飞速发展与生活水平的逐步提高,人们对物质与精神的要求越来越高,需求的水平越来越高,提倡人与自然的和谐统一,建立人与自然相融合的人居环境逐渐成为社会的发展潮流,从而使得园林建设事业蓬勃发展。园林,作为人类文明的重要载体,最能反映当前社会的环境需求及精神文化需求,是城市发展的重要标志之一,也是城市现代化的重要特征之一。因此,建设高水平、高质量的园林工程,既满足城市环境发展的需求,也满足人类精神生活发展的需要。

为了适应不断发展的园林建设事业,满足广大园林施工管理人员、造价人员及其他相关人员的实际需求,我们特编写了这本《园林工程识图与工程量清单计价》。本书根据最新的规范编写而成,采用理论与实际相结合的方法,力求读者能够全面理解本书的内容。本书将识图与工程量清单计价融为一体,内容系统全面、可操作性强,对提高园林工程相关工作人员的理论水平与实际应用能力很有帮助。在本书的编写过程中,编者本着严谨负责、实事求是的态度,认真搜集相关内容,并结合多年的实践经验,同时参考了大量最新的文献资料,力求做到内容充实全面。另外,在本书的编写和出版过程中,我们得到了许多专家、学者的大力支持与热心帮助,在此,深表感谢!

由于编者的学识和经验有限,加之当前我国园林事业的飞速发展,尽管编者尽心尽力、反复推敲核实,但书中难免有疏漏或未尽之处,恳请有关专家和广大读者提出宝贵意见,以便做进一步的修改和完善。

编　者

2012.05

目　　录

第1章 园林工程识图基础

1.1 园林工程图基本元素

1.1.1 图纸幅面、标题栏、会签栏

1. 图纸幅面的尺寸和规格

园林制图图纸幅面的规格见表1.1。从表中可以看出,各号幅面的尺寸有规律可循,其关系是:沿上一号幅面的长边对裁,即为下一号幅面的大小,对裁时去掉小数点后面的数字。

表1.1　基本图幅尺寸　　　　　　　　　　　　　　　　　　　mm

尺寸代号	幅面代号				
	A0	A1	A2	A3	A4
$b×l$	841×1 189	594×841	420×594	297×420	210×297

2. 标题栏、会签栏

图纸标题栏简称图标,用来概要说明图纸的内容。它的内容包括:设计单位名称、工程项目名称、设计者、审核者、图名及比例等。标题栏位于图的右下角或下方。现在较常用的标题栏格式如图1.1所示。

				工程总称		
				分项名称	生态园园林工程	
设计		校对				工号
制图		审核		轮廓平面图、立面图	图别	建施-01
专业负责		审定			日期	

图1.1　园林工程标题栏格式

需要会签的图纸应设会签栏,栏内应填写会签人员所代表的专业、姓名和日期。不需要会签的图纸可不设会签栏。

1.1.2 图线

1. 图线的种类

工程图的图线线型有实线、虚线、点画线、折断线、波浪线等,随用途的不同而反映在图线的粗细表达上,见表1.2。

表 1.2　线型的用途

名称		线　型	线宽	用　途
实线	粗	———	b	1. 平、剖面图中被剖切的主要建筑构造(包括构配件)的轮廓线 2. 建筑立面图或室内立面图的外轮廓线 3. 建筑构造详图中被剖切的主要剖分的轮廓线 4. 建筑构配件详图中的外轮廓线 5. 平、立、剖面的剖切符号
实线	中粗	———	$0.70b$	1. 平、剖面图中被剖切的次要建筑构造(包括构配件)的轮廓线 2. 建筑平、立、剖面图中建筑构配件的轮廓线 3. 建筑构造详图及建筑构配件详图中的一般轮廓线
	中	———	$0.50b$	小于 $0.70b$ 的图形线、尺寸线、尺寸界限、索引符号、标高符号、详图材料做法引出线、粉刷线、保温层线、地面、墙面的高差分界线等
	细	———	$0.25b$	图例填充线、家具线、纹样线等
虚线	中粗	– – – –	$0.70b$	1. 建筑构造详图及建筑构配件不可见的轮廓线 2. 平面图中的起重机(吊车)轮廓线 3. 拟建、扩建建筑物轮廓线
	中	– – – –	$0.50b$	投影线、小于 $0.5b$ 的不可见轮廓线
	细	– – – –	$0.25b$	图例填充线、家具线等
单点长画线	粗	—·—·—	b	起重机(吊车)轨道线
	细	—·—·—	$0.25b$	中心线、对称线、定位轴线
折断线	细	∿	$0.25b$	部分省略表示时的断开界线
波浪线	细	～～～	$0.25b$	1. 部分省略表示时的断开界线,曲线形构间断开界限 2. 构造层次的断开界限

　　根据图的复杂程度及比例大小,图线的宽度通常从下列规定的线宽系列中选取:0.18 mm,0.25 mm,0.35 mm,0.5 mm,0.7 mm,1.0 mm,1.4 mm,2.0 mm。

　　园林工程图通常使用三种线宽,且互成一定比例,即粗线、中粗线、细线的比例为 b:$0.5b$:$0.35b$。绘制较简单的或比例较小的图,可只用两种线宽,即不用中粗线。在同一张图样上按同一比例或不同比例所绘各种图形,同类图线的粗细一般保持一致,虚线、单点长画线及双点长画线的线段长短和间距大小也应各自大致相等。在画图时,单点长画线或双点长画线中的点通常是长约 1 mm 的一条极短画线,不一定是圆点。

2. 园林工程各组成要素的绘制线型

(1)地形:设计地形等高线用细实线绘制,原地形等高线用细虚线绘制。

(2)园林建筑:在大比例图中,剖面图用粗实线画出断面轮廓,用中实线画出其他可见轮廓;屋顶平面图中,用粗实线画出外轮廓,用细实线画出屋面;花坛、花架等建筑小品的表达则用细实线画出投影轮廓。小比例图中,只需用粗实线画出水平投影外轮廓线。

(3)园路:用细实线画出路线。

(4)山石:均采用其水平投影轮廓线概括表示,以粗实线绘出边缘轮廓,以细实线概括绘出皱纹。

(5)水体:水体一般用两条线表示,外面的一条表示水体边界线(即驳岸线),用特粗实线绘制,里面的一条表示水面,用细实线绘制。

1.1.3　比例

比例是指图形与实物相对的线性尺寸之比。比例的大小是指比值的大小,例如 1 : 20 大于 1 : 50。比例的符号用" : "表示。比例宜标注在图名的右侧,如图 1.2 所示。

图 1.2　比例的标注

根据图样的用途与被绘制对象的复杂程度,绘图所用的比例应有所不同,园林图样所对应的常用比例见表 1.3。通常情况下,一个图样选用一种比例。

表 1.3　园林图样常用的比例

图纸类别	比　　例
详图	1 : 2　1 : 3　1 : 4　1 : 5　1 : 10　1 : 20　1 : 30　1 : 40　1 : 50
道路绿化图	1 : 50　1 : 100　1 : 150　1 : 200　1 : 250　1 : 300
小游园规划图	1 : 50　1 : 100　1 : 150　1 : 200　1 : 250　1 : 300
居住区绿化图	1 : 100　1 : 200　1 : 300　1 : 400　1 : 500　1 : 1 000
公园规划图	1 : 500　1 : 1 000　1 : 2 000

1.1.4　尺寸标注

1. 尺寸的组成

工程图中标注的尺寸由尺寸线、尺寸界线、尺寸起止符号和尺寸数字组成,如图 1.3 所示。

(1)尺寸线。

1)尺寸线是独立的实线。

2)尺寸线一般画在轮廓线之外,小尺寸在内,大尺寸在外。

(2)尺寸界线。

1)尺寸界线用细实线从图形轮廓线、中心线或轴线引出,不宜与轮廓线相接,应留出不小于 2 mm 的间距。连续标注尺寸时,中间的尺寸界线可以画得较短。

2)通常情况下,线性尺寸界线应垂直于尺寸线,并超出大约 2 mm。

3)根据表达的需要,有时轮廓线、中心线也可作为尺寸界线。

(3)尺寸起止符号。尺寸起止点应画出尺寸起止符号,它一般用 45°倾斜的细短线(或中粗短线);标注半径、直径、角度、弧长等,起止符号用箭头;当相邻尺寸界线间隔都很小时,尺寸起止符号可用涂黑的小圆点,如图 1.4 所示。

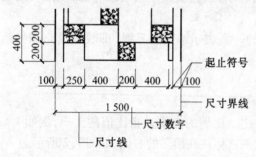

图 1.3 工程图中尺寸表达元素

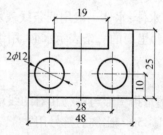

图 1.4 尺寸起止符号

(4)尺寸数字。

1)工程图上标注的尺寸数字是物体的实际大小,与绘图所用的比例无关。

2)工程图中的尺寸单位除总平面图以 m 为单位外,其他图样的尺寸单位一般以 mm 为单位,并不注单位名称。

2. 常用的尺寸标注

(1)半径、直径、球的尺寸标注。半径尺寸线应一端从圆心开始,另一端画箭头指向圆弧,半径数字前应加注半径符号"R"。尺寸线必须从圆心画起或对准圆心。沿半径尺寸线标注尺寸数字,当图形较小时,也可引出标注。对于较大的圆弧,应对准圆心画断开的或折线状的尺寸线,如图 1.5 所示。

标注圆的直径尺寸时,直径数字前应加符号"ϕ"。在圆内标注的直径尺寸线应通过圆心两端画箭头指至圆弧。沿直径尺寸线标注尺寸数字,图形较小时,也可以引出标注,如图 1.6 所示。

标注球的直径、半径尺寸时,应分别在尺寸数字前加注符号"$S\phi$"、"SR",如图 1.7 所示。

(2)角度、弧长、弦长的标注。角度的尺寸线以圆弧表示,该圆弧的圆心是该角的顶点,角的两条边为尺寸界线。起止符号应以箭头表示,当没有足够的位置画箭头,常用圆点代替,角度数字一般按水平方向标注,如图 1.8(a)所示。

标注圆弧的弧长时,尺寸线应用与该圆弧同心的弧线表示,尺寸界线应垂直于该圆弧的弦,起止符号用箭头表示,弧长数字上方应加注圆弧符号"⌒",如图 1.8(b)所示。

标注圆弧的弦长时,尺寸线应用平行于该弦的直线表示,尺寸界线应垂直于该弦,起

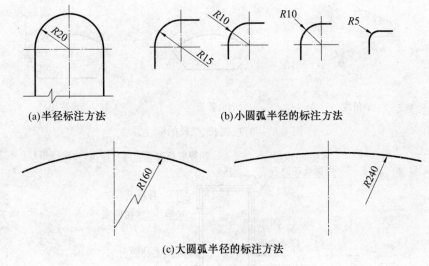

(a)半径标注方法　　　　　　(b)小圆弧半径的标注方法

(c)大圆弧半径的标注方法

图 1.5　半径的标注方法

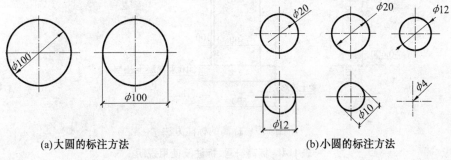

(a)大圆的标注方法　　　　　　　　(b)小圆的标注方法

图 1.6　圆的直径标注方法

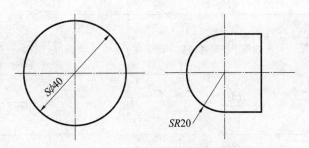

图 1.7　球的直径和半径标注方法

止符号用中粗斜短线表示,如图 1.8(c)所示。

(3)标高标注。绝对标高是指以标准海平面为零点计算的标高,相对标高是指把建筑物底层地面定为零点所计算的标高,相对标高的零点记为±0.000。

标高数字标注在标高符号的横线之上或之下,标高符号为细实线画出的等腰直角三角形,高 3 mm。平面图中的标高符号无短横线,室外整坪标高符号为"▼",数字标注在右上方或右面,如图 1.9 和表 1.4 所示。

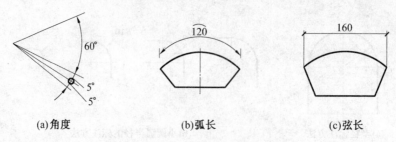

图 1.8　角度、弧长、弦长的标注方法

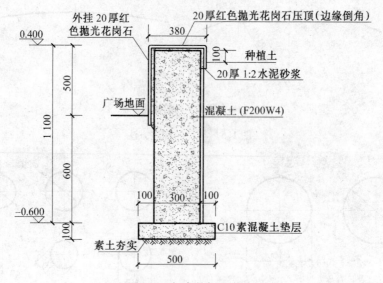

图 1.9　标高的标注方法

表 1.4　标高符号、标注及使用说明

序号	标高符号的标注	说　明
1	h $\overset{L}{\diagdown_{45°}}$　h 约等于 3 mm L 约等于注写标高数字的长度	标高符号的基本画法
2	−0.450 ▽	平面图上的标注
3	(9.000) (6.000) 3.000 ▽	平面图上的多层标注
4	3.300 3.300　　　3.300 3.300	立面图、剖面图上的标注

续表 1.4

序号	标高符号的标注	说　　明
5	(9.000) (6.000) 3.000 ▽	立面图、剖面图上的多层标注
6	7.200 ▽	标高位置不够时的标注
7	▼ 143.00	总平面图上的标注

（4）坡度标注：

$$坡度 = \frac{两点间的高差}{两点间的水平距离}$$

坡度常用百分数、比例或比值表示，坡向采用指向下坡方向的箭头表示，坡度百分数或比例数字应标注在箭头的短线上，如图 1.10 所示。

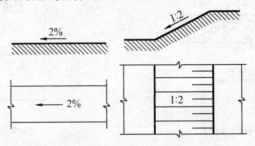

图 1.10　坡度的标注方法

（5）非圆曲线和连续等间距的尺寸注法。非圆曲线通常采取坐标的形式标注曲线某些点的有关尺寸。当标注曲线上点的坐标时，可将尺寸线的延长线作为尺寸界线，若 45°倾斜短线不清晰，可画箭头为尺寸起止符号。复杂的曲线图形也可用网格形式标注尺寸，如图 1.11 所示。

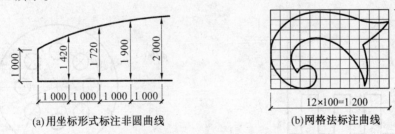

(a)用坐标形式标注非圆曲线　　　(b)网格法标注曲线

图 1.11　非圆曲线的标注方法(单位:mm)

连续等间距尺寸则可以注成乘积形式，但是第一个间距必须标出，如图 1.12 所示。

（6）多层结构的标注方法。园林工程中的结构示意图中，多层结构的名称和厚度常用指引线引出，再注写各做法层的做法及厚度。指引线是细实线，应通过并垂直于被引的各层，文字说明的顺序应与结构层次一致，如图 1.13 所示。若层次为横向排列，则由上至

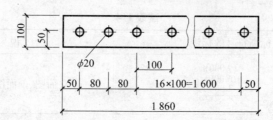

图 1.12　连续间距的尺寸标注方法

下的说明顺序应与由左至右的层次相互一致。

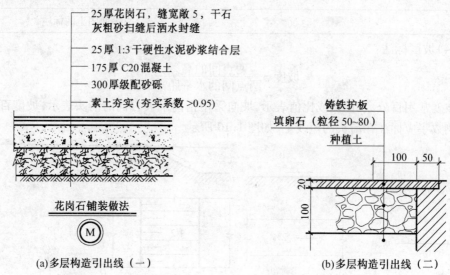

25 厚花岗石，缝宽敞 5，干石
灰粗砂扫缝后洒水封缝

25 厚 1:3 干硬性水泥砂浆结合层

175 厚 C20 混凝土

300 厚级配砂砾

素土夯实 (夯实系数 >0.95)

花岗石铺装做法

铸铁护板

填卵石（粒径 50~80）

种植土

(a)多层构造引出线（一）　　　　(b)多层构造引出线（二）

图 1.13　多层构造引出线

(7)尺寸的简化标注。

1)连续排列的等长尺寸,可用"个数×等长尺寸=总长"的形式标注。如图 1.14 所示。

2)构配件内的构造因素(例如孔、槽等)如果相同,可仅标注其中一个要素的尺寸。如图 1.15 所示。

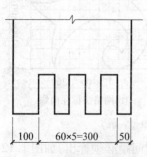

图 1.14　等长尺寸简化标注

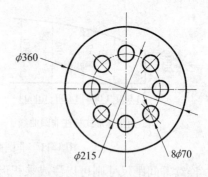

图 1.15　相同尺寸简化标注

3)对称构配件采用对称省略画法时,该对称构配件的尺寸线应略超过对称符号,仅在尺寸线的一端画尺寸起止符号,尺寸数字应按整体全尺寸标注,其标注位置宜与对称符号对齐,如图 1.16 所示。

4)两个构配件,若个别尺寸数字不同,可在同一图样中将其中一个构配件的不同尺寸数字标注在括号内,该构配件的名称也应标注在相应的括号内,如图 1.17 所示。

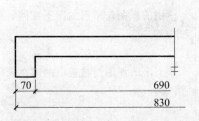

图 1.16　对称构件尺寸简化标注

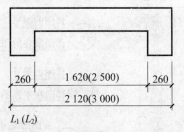

图 1.17　相似构件尺寸简化标注

1.1.5　指北针与风玫瑰图

指北针一般用细实线绘制,其形状如图 1.18 所示。

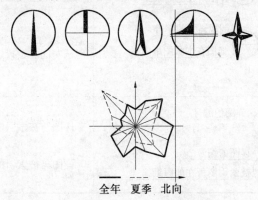

图 1.18　指北针与风玫瑰图

风玫瑰图是根据某一地区气象台观测的风气象资料绘制出的图形,分为风向玫瑰图和风速玫瑰图两种,通常多用风向玫瑰图。

风向玫瑰图表示风向和风向的频率。风向频率是在一定时间内各种风向出现的次数占所有观察次数的百分比。根据各方向风的出现频率,以相应的比例长度,按风向中心吹,描在用 8 个或 16 个方向所表示的图上,然后将各相邻方向的端点用直线连接起来,绘成一个形式宛如玫瑰的闭合折线,即风玫瑰图。图中线段最长者为当地主导风向,粗实线表示全年风频情况,虚线表示夏季风频情况,如图 1.18 所示。

1.1.6　常用符号

1. 索引符号与详图符号

索引符号与详图符号的表示说明见表 1.5。

表 1.5　索引符号与详图符号的表示说明

名　称	符　号	说　明
索引符号（局部放大详图的索引符号）	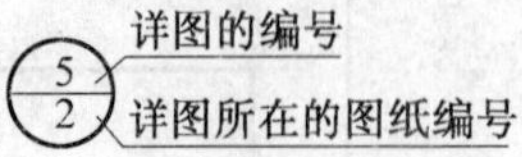 ⑤/② 详图的编号 / 详图所在的图纸编号	索引的详图与索引的图不在同一张图纸内
	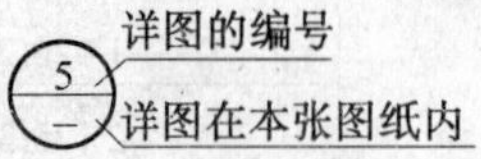 ⑤/— 详图的编号 / 详图在本张图纸内	索引出的详图与被索引的图在同一张图纸内
	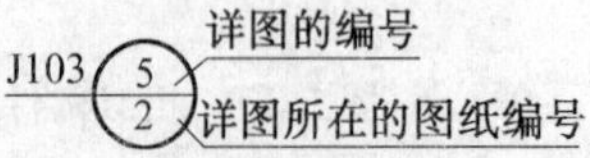 J103 ⑤/② 详图的编号 / 详图所在的图纸编号	索引出的详图采用标准图集 103 册
索引符号（剖视详图的索引符号）	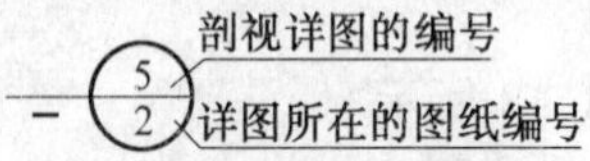 —/⑤/② 剖视详图的编号 / 详图所在的图纸编号	从下向上投影得到剖视详图
	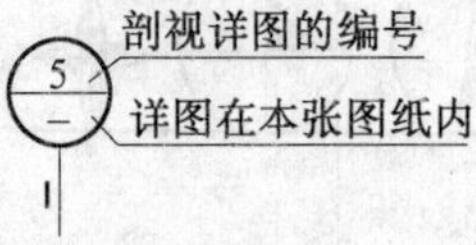 ⑤/— 剖视详图的编号 / 详图在本张图纸内	从左向右上投影得到剖视详图
详图符号	 ⑤ 详图的编号	详图与被索引的图在同一张图纸内
	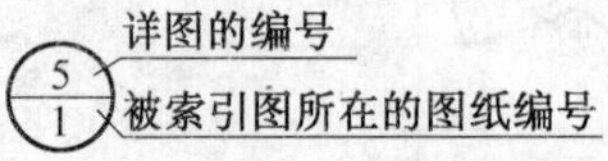 ⑤/① 详图的编号 / 被索引图所在的图纸编号	详图与被索引的图不在同一张图纸内

（1）索引符号。索引符号用以说明详图所在的位置编号。它用直径为 10 mm 的细实线圆圈画出，圆内画一水平中线，上半圆用阿拉伯数字注明详图编号，下半圆注明图形所在图纸编号。

（2）详图符号。详图符号用以表明详图的编号及被索引图样的位置。它被引注在详图上，用直径 14 mm 的粗实线绘制，也可用内粗外细的双心圆绘制。

（3）引出线。作为索引符号、详图符号及文字说明的引出线，如图 1.19 所示。

2.定位轴线及编号

定位轴线用点画线绘制。定位轴线编号标注在轴线端部的圆内。

建筑平面图中，横向轴线的编号采用阿拉伯数字从左至右沿水平方向顺序编写，纵向轴线的编号用大写字母从下至上沿竖直顺序编写（注：I、Q、Z 不得用于轴线编号），其标注及使用方法见表 1.6。

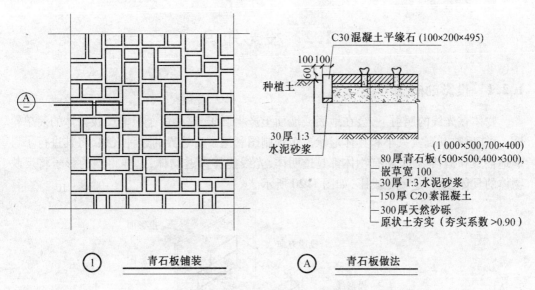

图 1.19　引出线的画法及使用

表 1.6　定位轴线的标注方法及使用说明

类　型	轴线编号	说　　明
附加轴线编号	②/④	表示 4 号轴线后附加的第二根轴线
	①/Ⓐ	表示 A 号轴线后附加的第一根轴线
详图的轴线编号	①③	用于两根轴线
	① ~ ⑩	用于三根以上连续编号的轴线
	① 3、6…	用于三根或三根以上的轴线
	○	用于通用详图

1.2 投影知识

1.2.1 投影的概念

物体在光线的照射下,会在地面或墙面上产生影子,这种影子只能反映物体的简单轮廓,不能反映其真实大小和具体形状。工程制图利用了自然界的这种现象,将其进行了科学地抽象和概括:假设所有物体都是透明体,光线能够穿透物体,这样得到的影子将反映物体的具体形状,这就是投影,如图1.20所示。

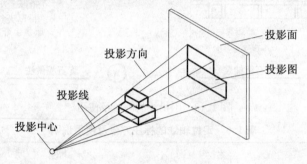

图1.20 投影图的形成

产生投影必须具备以下条件:

(1)光线:把发出光线的光源称为投影中心,光线称为投影线。

(2)形体:只表示物体的形状和大小,而不反映物体的物理性质。

(3)投影方向、投影面:光线的射向称为投影方向,落影的平面称为投影面。

园林工程制图中,投影法是绘制图纸的最基本理论,运用投影就可以把三维立体形态存在的工程对象,通过平、立、剖等形式以二维平面形式加以解释和表达,以方便园林工程识读。

1.2.2 三个投影面的展开

投影按射线之间的关系,分为中心投影和平等投影两类。

由一个投射中心发出形成的投影即为中心投影。当投射中心无限远,投射线相互平行,这类投影为平行投影。平行投影又分为斜投影和正投影。正投影是当投射线与投影面垂直时所得到的投影。

在工程制图中绘制图样的主要方法是正投影法。

在工程实践中,由于园林中的各个组成要素的形体是复杂的,因此需要从多个方面清晰地了解其形状、结构与构造,以便于识读、预算和施工,所以单面投影是不能够满足工程制图需要的,鉴于上述原因,在工程实践中常常设立三个互相垂直的平面作为投影面,把水平投影面用 H 标记,正立投影面用 Y 表示,侧立投影面用 W 表示。两投影轴,H 面与 Y

面相交的为 OX 轴，H 面与 W 面相交为 OY 轴，Y 面与 W 面相交的是 OZ 轴，三轴交点为原点 O，以此就构成了三面投影体系，如图 1.21 所示。

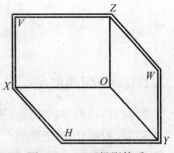

图 1.21　三面投影体系

将一个立体置于三个投影面体系中，并使其表面平行于投影面或垂直于投影面（立体与投影面的距离不影响立体的投影），然后将立体分别向三个投影面进行正投影，如图 1.22（a）所示。

立体在 H 面上得到的投影称为水平投影，在 Y 面上得到的投影称为正面投影，在 W 面上得到的投影称为侧面投影，如图 1.22（b）、（c）所示。

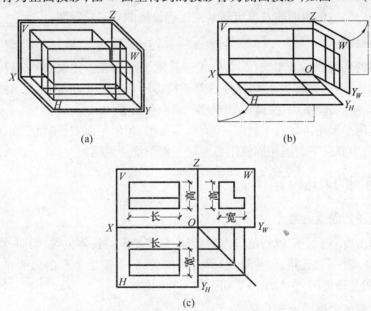

（a）　　　　　　　　　　（b）

（c）

图 1.22　三面展开投影

1.2.3　三面投影图的规律

由于做形体投影图时形体的位置不变，展开后，同时反映形体长度的水平投影和正面投影左右对齐——长对正，同时反映形体高度的正面图和侧面图上下对齐——高平齐，同时反映形体宽度的水平投影和侧面投影前后对齐——宽相等，如图 1.23 所示。

"长对正、高平齐、宽相等"是形体三面投影图的规律，无论是整个物体还是物体的局部投影都应符合这条规律。

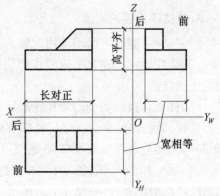

图 1.23　三面投影图的规律

1.3　平面图与立面图

1.3.1　平面图的类型

工程中所指的平面实际是建筑、建筑构件或其他工程物在水平面所产生的正投影,相当于在三面投影中与 H 平面产生的正投影。在园林工程建设过程中,平面图纸的类型多种多样,但是概括地可分为总平面图和单体平面图两类。

1. 总平面图

总平面是较大范围内的建筑群组和基地工程设施的水平投影图。

2. 单体平面图

建筑单体的平面图是沿建筑门、洞位置或其他工程物在一定高度(一般为室内标高1.2 m)处做水平剖切,并移去上面部分后向下投影所形成的平剖面图,主要表示建筑物的平面形状、大小、房间布局、交通、结构厚度、结构布局等。

多层建筑的平面图由底层平面图、中间层平面图、顶层平面图、屋顶平面图、地下层平面图等组成,若中间层平面图相同就用标准层平面图统一说明。

1.3.2　平面图的表达内容

1. 总平面图的表达内容

总平面图主要表示一定规划范围内的新建、拟建建筑的具体位置、朝向、高程、占地面积,以及周围环境(例如道路、绿化景观)等之间的关系,是整个工程的总体布局图。严格来说,总平面图是顶视图,它与单体平面图是不相同的。

2. 单体平面图的表达内容

单体平面图主要表示建筑物的平面形状、大小、房间布局、结构厚度、结构布局等。

3. 建筑平面图的识读

(1)比例。建筑平面图常用比例为 1∶100、1∶200 等。

(2)定位轴线。建筑平面图中定位轴线的编号确定后,其他各种图样中的轴线编号应与之相符。

(3)图线。被剖切到的墙柱轮廓线画粗实线(b 值相当于 0.5~2.0 mm),没有剖切到的可见轮廓线,例如窗台、台阶、楼梯等画中实线(0.5b),尺寸线、标高符号、轴线用细线(0.35b)画出。若需要表示高窗、通气孔、槽、地沟等不可见部分,可用虚线绘制。

(4)尺寸标注。平面图中标注的尺寸有外部和内部两类,外部尺寸主要有三道,第一道是最外面的尺寸,这一尺寸为总体尺寸,即建筑物外面尺寸,表示建筑物的总长、总宽;第二道是轴线尺寸,一般作为定位轴线尺寸,通常是柱或墙的中心线,通常也决定了房间的"开间"和"进深"尺寸;第三道是细部尺寸,说明门、窗洞、洞间墙、构件等尺寸,建筑平面图中应注明室内外的楼地面标高和室外地坪标高。

（5）代号及图例。平面图中门、窗用图例表示，并在图例旁标注它们的代号和编号，"M"用来表示门，"C"用来表示窗，编号可用阿拉伯数字顺序编写，也可直接采用标准图上的编号；钢筋混凝土断面可涂黑表示；砖墙通常不画图例。

（6）投影要求。一般来说，各层平面图按投影方向能看到的部分均应画出，但是通常将重复之处省略，例如散水、明沟、台阶等只在底层平面图中表示，而其他层次平面则不画出，雨篷也只在二层平面中示出，必要时还要画出平面图中的卫生洁具、橱、柜、隔断等。

（7）其他标注。在平面图中宜标注房间的名称或编号。在底层平面图中应画出指北针，与平面图上某部分或某构件另有详图表示时需用索引符号在图上标明，此外建筑剖面图的剖切符号应在房屋的底层平面图上标注。

（8）门窗表。建筑平面图中应附有门窗明细表。

（9）局部平面图和详图。在平面图中，若某些局部平面因设备或内部组合复杂，比例小而表达不清楚，可画较大比例的局部平面图或详图，并使用索引，指示出局部平面图或详图的绘制图纸位置。

（10）屋顶平面图主要表示屋面排水情况（用箭头、坡度表示）、天沟、雨水管、水箱、上人孔或楼电梯间等。

1.3.3　立面图的概念与特点

1. 立面图的概念

通常情况下，物体在三面投影中产生于 V 平面或 W 平面的正投影称立面图，能够反映物体的前后、左右关系。工程中立面图是建筑或其他工程物的不同方向的立面正投影图。立面图命名方式可按定位轴线命名、方位命名、朝向命名等。

有定位轴线的建筑物，可以用两端定位轴线的编号命名，如①~②或 A~D 等；按方位命名时，通常将反映主要出入口或比较明显反映建筑特征的立面图命名为正立面图，其余的可称为背立面图、左侧立面图、右侧立面图等；按朝向命名，通常是根据在平面上所示的指北针在立面上命名，例如南立面图、北立面图等。

2. 立面图的特点

建筑立面图主要表明建筑物的体形和外貌及外墙面的面层材料、色彩、围护结构的形式、线脚的形式及门窗布置、雨水管位置，以及地形地貌等。

建筑立面图应画出可见的建筑外轮廓线、建筑构造和构筑配件的投影，并标注墙面做法及必要的尺寸和标高；较简单的对称建筑物或对称构配件，在不影响构造处理和施工的情况下，立面图可绘制一半，并在对称线处画上对称符号。

1.3.4　立面图的识读

1. 图例

由于比例小，按投影很难将所有的细部都表达清楚，例如门、窗等都是用图例来绘制的，且只画出主要轮廓及分格线，注意门窗框用双线画。

2. 尺寸标注

立面图上高度利用标高形式标注,主要包括建筑室外地坪、出入口地面、门窗洞口、檐口、阳台底部、女儿墙压顶等,各标高标注在左侧或右侧并对齐。

3. 其他标注

房屋外墙面的各部分装饰材料、做法、色彩等用文字注明。

1.4 剖面图与断面图

1.4.1 剖面、断面的概念

在工程图中,为了能清晰地表达物体的内部构造,假想用一个平面将物体剖开(此平面称为切平面),移出切平面前的部分,然后画出剖切平面后面部分的投影图,这种投影图称为剖面图,如图 1.24 所示。

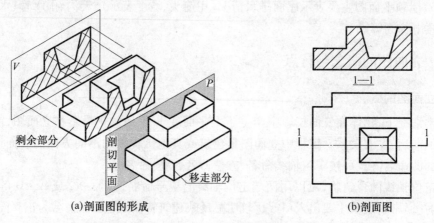

(a)剖面图的形成　　(b)剖面图

图 1.24　剖面图的形成

假想用剖切平面将物体剖切后,只画出剖切平面切到部分的图形称为断面图,如图 1.25 所示。

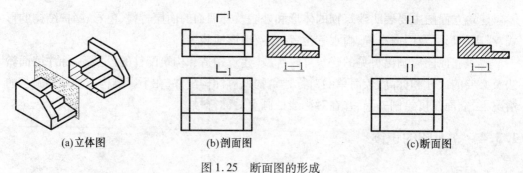

(a)立体图　　(b)剖面图　　(c)断面图

图 1.25　断面图的形成

1.4.2　园林工程图中的剖面图与断面图

1. 地形断面图

园林工程中,涉及大量的地形改造,将地形表述出来,这时就需用到地形断面图。用铅垂面剖切地面,剖切平面与地形面的交线就是地形断面,并延长相应的材料图例,称为地形断面图。

用铅垂面剖切地形图,剖切平面与地形面的截交线就是地形断面,并画上相应的材料图例,称为地形断面图。其作图方法如图 1.26 所示。

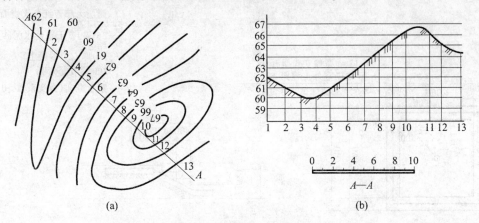

图 1.26　地形断面图的画法

(1)过 A—A 做铅垂面,它与地形面上各等高线的交点为 1,2,3,…,如图 1.26(a)所示。

(2)以 A—A 剖切线的水平距离为横坐标,以高程为纵坐标,按等高距及比例尺画一组平行线,如图 1.26(b)所示。

(3)将图 1.26(a)中的 1,2,3,…,各点转移到图 1.26(b)中最下面一条直线上,并由各点作纵坐标的平行线,使其与相应的高程线相交得到一系列交点。

(4)光滑连接各交点,即得地形断面图,并根据地质情况画出相应的材料图例。

2. 建筑剖面图

(1)图示方法和内容。建筑剖面图通常为垂直剖面图,即用垂直面剖切所得到的剖面图,它表示建筑物内部的主要结构方式、布局、构造及组合尺寸。剖面图的剖切位置是依据表达的需要而选择的,能够全面反映建筑对象特征的剖切位置。根据建筑的复杂程度可以绘制一个或数个。

(2)图例与尺寸标注。

1)图例。门窗按规定图例绘制,砖墙、钢筋混凝土构件的材料图例与建筑平面图相同。

2)尺寸标注。通常沿外墙注三道尺寸线,最外面一道从室外地坪到女儿墙压顶,是室外地面以上的总高尺寸;第二道为层高尺寸;第三道为勒脚高度、门窗洞高度、洞间墙高度、檐口厚度等细部尺寸,这些尺寸应与立面图吻合。另外,还需要标注各层楼面、楼梯休息平台等的标高。

3. 建筑详图

为了满足预算与施工的需要,房屋的某些部位必须绘制较大比例的图样才能清楚地表达,这种图样称为详图。

详图特点:比例大,常用 1∶20、1∶10、1∶5、1∶2 等比例绘制;尺寸标注齐全、准确;文字说明清楚、具体。若详图采用通用图集的做法,则不必另画,只需注出图集的名称、详图所在的页数、建筑详图所画的节点部位,除了在平、立、剖面图中的有关部位标注索引符号外,还应在所画详图上绘制详图符号,以便对照查阅,如图 1.27 所示。

详图按要求不同可分为平面详图、局部构造详图和配件构造详图。

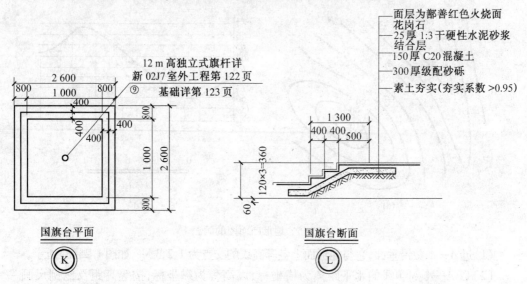

图 1.27　建筑(国旗台)详图

4. 路线纵断面图

(1)图示方法。路线纵断面图是用假想的铅垂剖切面沿道路中心线纵向剖切,然后展开绘制的。因为道路路线是由直线和曲线组合而成的,所以纵向剖切面既有平面,又有剖面,为了清楚地表达路线的纵断面情况,需要将此纵断面拉直展开,并绘制在图纸上,即为路线纵断面图。

(2)画法特点和表达内容。路线纵断面图主要表达道路的纵向设计线形,以及沿线地面的高低起伏状况。路线纵断面图包括图样和资料表两部分,一般图样画在图纸上部,资料表布置在图纸下部。

5. 路线横断面图

(1)图示方法。路线横断面图是用假想的剖切平面垂直于路中心线剖切而得到的图形。

在横断面图中,路面线、路肩线、边坡线、护坡线均用粗实线表示,路面厚度用中粗实线表示,原有地面线用细实线表示,路中心线用细点画线表示。

横断面图的水平方向和高度方向宜采用相同比例,一般比例为 1∶200、1∶100 或 1∶50。

(2)路基横断面图。为了路基施工放样和计算土石方量的需要,在路线的每一中心桩处,应根据实测资料和设计要求画出一系列的路基横断面图,主要是表达路基横断面的形状和地面高低起伏状况。路基横断面图一般不画路面层和路拱,以路基边缘的标高作为路中心的设计标高。

路基横断面图的基本形式有以下三种:

1)填方路基。如图 1.28(a)所示,整个路基全为填土区称为路堤。填土高度等于设计标高减去地面标高。填方边坡一般为 1:1.5。

2)挖方路基。如图 1.28(b)所示,整个路基全为挖土区称为路堑。挖土深度等于地面标高减去设计标高。挖方边坡一般为 1:1。

3)半填半挖路基。如图 1.28(c)所示,路基断面一部分为填土区,另一部分为挖土区。

在路基横断面图的下方应标注相应的里程桩号,在右侧标注填土高度 h_T 或挖土深度 h_w、填方面积 A_T 和挖方面积 A_w。在同一张图纸内绘制的路基横断面图应按里程桩号顺序排列,从图纸的左下方开始,先由下而上,再自左向右排列。

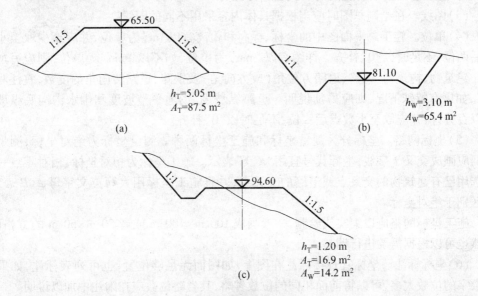

图 1.28　路基横断面图

1.5　园林工程施工图识读

1.5.1　园林施工总平面图

园林施工总平面图反映的情况主要包括园林工程的形状、所在位置、朝向及拟建建筑周围道路、地形、绿化等,还包括该工程与周围环境的关系和相对位置等。

1.包括的内容

(1)指北针(或风玫瑰图),绘图比例(比例尺),文字说明,景点、建筑物或构筑物的名称标注,图例表等。

（2）道路、铺装的位置、尺度，主要点的坐标、标高及定位尺寸。

（3）小品的定位、定形尺寸及小品主要控制点坐标。

（4）地形、水体的控制尺寸及主要控制点坐标、标高。

（5）植物种植区域轮廓。

（6）对于无法用标注尺寸准确定位的自由曲线园路、广场、水体等，应当给出该部分局部放线详图，用放线网表示，并标注控制点坐标。

2. 绘制要求

（1）布局与比例。应按上北下南方向绘制，根据场地形状或布局，可向左或向右偏转，但不宜超过45°。绘制施工总平面图一般采用1∶500、1∶1 000、1∶2 000的比例。

（2）图例。《总图制图标准》（GB/T 50103—2010）中对建筑物、构筑物、道路、铁路及植物等的图例均有说明，具体内容参见相应的制图标准。当由于某些原因必须另行设定图例时，应在总图上绘制专门的图例表进行说明。

（3）图线。在绘制总图时应当根据具体内容采用不同的图线。

（4）单位。施工总平面图中的坐标、标高和距离宜以"m"为单位，并应至少取至小数点后两位，不足时以"0"补齐。详图宜以"mm"为单位，如不以"mm"为单位，则应另加说明。建筑物、构筑物、铁路、道路方位角（或方向角）及铁路、道路转向角的度数，宜注写到"s"，如果有特殊情况，则应另加说明。道路纵坡度、场地平整坡度和排水沟沟底纵坡度宜以百分计，并应取至小数点后一位，不足时以"0"补齐。

（5）坐标网络。坐标分为测量坐标和施工坐标两种。测量坐标为绝对坐标，测量坐标网应画成交叉十字线，坐标代号宜用"X、Y"表示。施工坐标为相对坐标，相对零点一般宜选用已有建筑物的交叉点或道路的交叉点，并且施工坐标用大写英文字母A、B表示，以区别于绝对坐标。

施工坐标网格应以细实线绘制，一般画成100 m×100 m或者50 m×50 m的方格网，当然也可以根据需要进行调整。

（6）坐标标注。坐标宜直接标注在图上，如图面无足够位置，也可列表标注，如果坐标数字的位数太多，可以将前面相同的位数省略，其省略位数应在附注中加以说明。

建筑物、构筑物、铁路、道路等应标注坐标的部位有：建筑物、构筑物的定位轴线（或外墙线）或其交点，圆形建筑物、构筑物的中心及挡土墙墙顶外边缘线或转折点。若表示建筑物、构筑物位置的坐标，宜注其三个角的坐标，若建筑物、构筑物与坐标轴线平行，则可标注对角坐标。当平面图上有测量和施工两种坐标系统时，应在附注中注明这两种系统的换算公式。

（7）标高标注。一般来说，施工图中标注的标高应为绝对标高，如标注相对标高，则应注明相对标高与绝对标高的关系。

建筑物、构筑物、铁路、道路等标高的标注应符合下列规定：建筑物室内地坪，标注图中±0.000处的标高，对不同高度的地坪，分别标注其标高；建筑物室外散水，应标注建筑物四周转角或两对角的散水坡脚处的标高；构筑物，应标注其有代表性的标高，并用文字注明标高所指的位置；道路，应标注路面中心交点及变坡点的标高；挡土墙，应标注墙顶和墙脚标高；路堤、边坡应标注坡顶和坡脚标高；排水沟，应标注沟顶和沟底标高；场地平整，应标注其控制位置标高;铺砌场地,应标注其铺砌面标高。

3. 识读

(1)看图名、比例、设计说明、风玫瑰图、指北针。根据图名、设计说明、指北针、比例和风玫瑰,可了解施工总平面图设计的意图和范围、工程性质、工程的面积和朝向等基本概况,为进一步了解图纸做准备。

(2)看等高线和水位线。根据等高线和水位线,可了解园林的地形和水体布置情况,从而对全园的地形骨架有一个基本的印象。

(3)看图例和文字说明。根据图例和文字说明,可明确新建景物的平面位置,了解总体布局情况。

(4)看坐标或尺寸。根据坐标或尺寸,可查找施工放线的依据。

1.5.2　园林工程施工放线图

1. 包括的内容

园林工程施工放线图的内容主要包括以下几点:

(1)道路、广场铺装及园林建筑小品放线网格(间距 1 m、5 m 或 10 m 不等)。

(2)坐标原点、坐标轴、主要点的相对坐标。

(3)标高(等高线、铺装等)。

2. 作用

园林工程施工放线图的作用主要有以下几点:

(1)现场施工放线。

(2)确定施工标高。

(3)测算工程量。

(4)计算施工图预算。

3. 注意事项

(1)坐标原点应选择固定的建筑物、构筑物角点,道路交点或水准点等。

(2)网格的间距应根据实际面积的大小及图形的复杂程度而定,在对平面尺寸进行标注的同时,还要对立面高程进行标注(高程、标高)。另外,还要写清楚各个小品或铺装所对应的详图标号,对于面积较大的区域应给出索引图(对应分区形式)。

1.5.3　竖向设计施工图

竖向设计是指在一块场地中进行垂直于水平方向的布置及处理。

1. 包括的内容

园林工程竖向设计施工图的内容一般包括以下几点:

(1)指北针、图例、比例、文字说明、图名。文字说明应当包括标注单位、绘图比例、高程系统的名称和补充图例等。

(2)现状与原地形标高、地形等高线。设计等高线的等高距时,一般应取 0.25 ~

0.5 m,当地形较为复杂时,还需要绘制地形等高线放样网格。

(3)最高点或某些特殊点的坐标及该点的标高。例如:道路的起点、变坡点、转折点和终点等的设计标高(道路在路面中、阴沟在沟顶和沟底)、纵坡度、纵坡距、纵坡向、平曲线要素、竖曲线半径、关键点坐标;建筑物、构筑物室内外设计标高;挡土墙、护坡或土坡等构筑物的坡顶和坡脚的设计标高;水体驳岸、岸底标高,池底标高,水面最低、最高及常水位。

(4)地形的汇水线和分水线,或用坡向箭头标明设计地面坡向,指明地表排水的方向及排水的坡度等。

(5)绘制重点地区、坡度变化复杂的地段的地形断面图,并标注标高和比例尺等。

竖向设计施工平面图在工程比较简单时,可与施工放线图合并。

2. 具体要求

(1)计量单位。标高的标注单位通常为"m",如果有特殊要求,则应在设计说明中注明。

(2)线型。地形等高线是竖向设计图中比较重要的部分,设计等高线用细实线绘制,原有地形等高线用细虚线绘制,汇水线和分水线则用细单点长画线绘制。

(3)坐标网格及标注。坐标网格用细实线绘制,施工的需要及图形的复杂程度决定着网格间距,一般采用与施工放线图相同的坐标网体系。对于局部的不规则等高线,可以单独作出施工放线图,也可以在竖向设计图纸中局部缩小网格间距,提高放线精度。竖向设计图的标注方法与施工放线图相同,针对地形中最高点、建筑物角点或特殊点进行标注。

(4)地表排水方向和排水坡度。排水方向应用箭头表示,并在箭头上标注排水坡度。

3. 识读

(1)看图名、比例、指北针、文字说明。根据看图名、比例、指北针、文字说明,了解工程名称、设计内容、工程所处方位和设计范围。

(2)看等高线及高程标注。根据等高线的分布情况及高程标注,了解新设计地形的特点和原地形标高,了解地形高低变化及地方工程情况,还可以结合景观总体规划设计,分析竖向设计的合理性。并且根据新、旧地形高程变化,还能了解地形改造施工的基本要求和做法。

(3)看建筑、山石和道路标高情况。

(4)看排水方向。

(5)看坐标。根据坐标,确定施工放线依据。

1.5.4 园路、广场施工图

园路、广场施工图能够清楚地反映园林路网和广场布局,它是指导园林道路施工的技术性图纸。

1. 包括的内容

一份完整的园路、广场施工图纸的内容主要包括以下几点:

(1)图案、尺寸、材料、规格、拼接方式。

(2)铺装剖切段面。

（3）铺装材料特殊说明。

2. 作用

园路、广场施工图的作用主要有以下几点：

（1）购买材料。

（2）施工工艺、工期确定、工程施工进度。

（3）计算工程量。

（4）如何绘制施工图。

（5）了解本设计所使用的材料、尺寸、规格、工艺技术及特殊要求等。

1.5.5　植物配置图

1. 内容与作用

（1）内容：植物种类、规格、配置形式及其他特殊要求。

（2）作用：可以作为苗木购买、苗木栽植及工程量计算等的依据。

2. 具体要求

（1）现状植物的表示。

（2）图例及尺寸标注。

1）行列式栽植。行列式的种植形式（如行道树、树阵等）可用尺寸标注出株行距、始末树种植点与参照物的距离。

2）自然式栽植。自然式的种植形式（如孤植树）可用坐标标注种植点的位置或用三角形标注法进行标注。孤植树往往对植物造型及规格的要求比较严格，应在施工图中表达清楚，除利用立面图、剖面图表示之外，还可与苗木统计表相结合，用文字来加以标注。

3）片植、丛植。植物配植图应绘出清晰的种植范围边界线，标明植物名称、规格和密度等。边缘呈规则的几何形状的片状种植可用尺寸标注方法标注，以便为施工放线提供依据；而边缘线呈不规则的自由线的片状种植应绘坐标网格，并结合文字标注。

4）草皮种植。草皮用打点的方法表示，标注应标明草坪名、规格及种植面积。

（3）注意事项。

1）植物的规格在图中为冠幅，根据说明确定。

2）借助网格定出种植点位置。

3）图中应写清植物数量。

4）对于景观要求细致的种植局部，施工图应当有表达植物高低关系、植物造型形式的立面图、剖面图和参考图或通过文字说明与标注。

5）对于种植层次较为复杂的区域，应当绘制分层种植图，即分别绘制上层乔木和中下层灌木地被等的种植施工图。

3. 识读

（1）看标题栏、比例、指北针（或风玫瑰图）及设计说明。根据标题栏、比例、指北针（或风玫瑰图）及设计说明，了解工程名称、性质、所处方位（及主导风向），明确工程的目的、设计范围和意图，了解绿化施工后应达到的效果。

（2）看植物图例、编号、苗木统计表及文字说明。根据图纸中各植物的编号,再对照苗木统计表及技术说明,了解植物的种类、名称、规格、数量等,核对或编制种植工程预算。

（3）看图纸中植物种植位置及配置方式。根据植物种植位置及配置方式,分析种植设计方案是否合理。了解植物栽植位置与建筑及构筑物和市政管线之间的距离是否符合有关设计规范的规定等技术要求。

（4）看植物的种植规格和定位尺寸。根据植物的种植规格和定位尺寸,明确定点放线的基准。

（5）看植物种植详图。根据植物种植详图,明确具体种植要求,从而合理地组织种植施工。

1.5.6　水池施工图

水池施工图是指导水池施工的技术性文件,作水池施工图通常是为了清楚地反映水池的设计,便于指导施工。通常一幅完整的水池施工图包括以下几个部分:

(1)平面图。

(2)剖面图。

(3)各单项土建工程详图。

1.5.7　假山施工图

假山施工图是指导假山施工的技术性文件,作假山施工图通常是为了清楚地反映假山的设计,便于指导施工。通常一幅完整的假山施工图包括以下几个部分:

(1)平面图。

(2)剖面图。

(3)立面图或透视图。

(4)做法说明。

(5)预算。

1.5.8　喷灌、给排水施工图

喷灌、给排水施工图的主要内容包括以下几个部分:

(1)给水、排水管的布设、管径、材料等。

(2)喷头、检查井、阀门井、排水井、泵房等。

(3)与供电设计相结合。

1.5.9　照明电气施工图

1. 包括的内容

(1)灯具形式、类型、规格、布置位置。

(2)配电图(电缆电线型号规格,连接方式;配电箱数量、形式规格等)。

2. 作用

(1)配电,选取、购买材料等。

(2)取电(与电业部门沟通)。

(3)计算工程量(电缆沟)。

3. 注意事项

(1)网格控制。

(2)严格按照电力设计规格进行。

(3)照明用电和动力电线路应分路设置。

(4)灯具的型号应标注清楚。

第2章 园林工程工程量清单编制

2.1 《建设工程工程量清单计价规范》简介

2.1.1 《建设工程工程量清单计价规范》的概念

计价规范是应用于规范建设工程计价行为的国家标准。具体地讲,计价规范就是工程造价计价工作者,对确定建筑产品价格的分部分项工程名称、工程特征、工程内容、项目编码、工程量计算规则、计量单位、费用项目组成与划分、费用项目计算方法与程序等做出的全国统一规定标准,即《建设工程工程量清单计价规范》(GB 50500—2008)。

2.1.2 《建设工程工程量清单计价规范》的内容

《建设工程工程量清单计价规范》(GB 50500—2008)由正文和附录两部分组成,二者具有同等效力,缺一不可。

1. 正文部分

正文部分包括五章,即总则、术语、工程量清单编制、工程量清单计价、工程量清单及其标准格式等内容,分别就《建设工程工程量清单计价规范》(CB 50500—2008)的适用范围、遵循的原则(编制工程量清单的原则、工程量清单计价活动的原则)和工程量清单及计价格式做了明确的规定。

2. 附录部分

附录部分包括6个附录,即附录 A 建筑工程、附录 B 装饰装修工程、附录 C 安装工程、附录 D 市政工程、附录 E 园林绿化工程、附录 F 矿山工程。这些附录的主要内容包括:项目编码、项目名称、项目特征、计量单位、工程量计算规则等。其中项目编码、项目名称、计量单位、工程量计算规则作为"四统一"的内容,要求招标人在编制工程量清单时必须执行。

2.1.3 《建设工程工程量清单计价规范》的特点

《建设工程工程量清单计价规范》(GB 50500—2008)具有强制性、通用性、实用性和竞争性四个方面的特点。

1. 强制性

(1)由建设主管部门按照强制性国家标准的要求批准颁布,规定全部使用国有资金或国有资金投资为主的大中型建设项目工程应按工程量清单的规定执行。

(2)明确工程量清单是招标文件的组成部分,并规定了招标人在编制工程量清单时必须遵守的规则,做到四个统一,即统一项目编码、统一项目名称、统一计量单位、统一工程量计算规则。

2. 通用性

采用工程量清单计价将与国际惯例接轨,符合工程量计算方法标准化、工程量计算规则统一化、工程造价确定市场化的要求。

3. 实用性

工程量清单项目及计算规则的项目名称表现的是工程实体项目,项目名称明确清晰,工程量计算规则简洁明了。特别还列有项目特征和工程内容,易于编制工程量清单时确定项目名称和投标报价。

4. 竞争性

竞争性具体表现在以下两个方面:

(1)人工、材料和施工机械没有具体消耗量,投标企业可以依据企业的定额和市场价格信息进行报价,《建设工程工程量清单计价规范》(GB 50500—2008)将这一空间也交给了企业,从而也可体现各企业在价格上的竞争力。

(2)使用工程量清单计价时,《建设工程工程量清单计价规范》(GB 50500—2008)规定的措施项目中,投标人具体采用什么措施,例如模板、脚手架、临时设施、施工排水等详细内容由投标人根据企业的施工组织设计等确定。因为这些项目在各企业之间各不相同,是企业的竞争项目,是留给企业竞争的空间,从中可体现各企业的竞争力。

2.1.4 《建设工程工程量清单计价规范》的适用范围

《建设工程工程量清单计价规范》(GB 50500—2008)"总则"第 1.0.2 条指出:"本规范适用于建设工程工程量清单计价活动。"即《建设工程工程量清单计价规范》(GB 50500—2008)主要适用于建设工程招标投标工程量清单计价的新建、扩建、改建等工程,而建设工程主要是指由建筑工程、装饰装修工程、安装工程、市政工程、园林绿化工程和矿山工程所组成的基本建设工程。

工程量清单计价的适用范围从资金来源方面来说,《建设工程工程量清单计价规范》(GB 50500—2008)第 1.0.3 条强制规定了实行工程量清单计价的范围,即全部使用国有资金投资或国有资金投资为主的建设项目,必须采用工程量清单计价。国有资金是指国家财政预算内或预算外的资金,国家机关、国有企事业单位和社会团体的自有资金及借贷资金,国家通过对内发行政府债券或向外国政府及国际金融机构举借主权外债所筹集的资金也应视为国有资金。国有资金投资为主的工程是指国有资金占总投资额 50% 以上或虽不足 50%,但国有资产投资者实质上具有拥有权的工程。

2.1.5 《建设工程工程量清单计价规范》的作用

《建设工程工程量清单计价规范》(GB 50500—2008)的发布实施,在我国工程造价管理领域具有以下作用:

(1)有利于市场机制决定工程造价的实现。

（2）有利于参与国际市场的竞争。

（3）有利于业主获得合理的工程造价。

（4）有利于促进施工企业改善经营管理，提高竞争能力。

（5）有利于提高造价工程师业务素质，使其成为懂技术、懂经济、懂管理的全面发展的复合型人才。

2.2　工程量清单计价概述

2.2.1　工程量清单计价的概念

1. 工程量清单

根据《建设工程工程量清单计价规范》（GB 50500—2008）的规定，工程量清单是建设工程分部分项的工程项目、措施项目、其他项目、规费项目和税金项目的名称和相应数量等的明细清单。

2. 工程量清单计价

工程量清单计价是指投标人完成由招标人提供的工程量清单所需的全部费用，包括分部分项工程费、措施项目费、其他项目费、规费和税金。

3. 工程量清单计价方法

工程量清单计价方法是在建设工程招标中，由具有编制能力的招标人或受其委托，具有相应资质的工程造价咨询人编制反映工程实体消耗和措施性消耗的工程量清单，并作为招标文件的一部分提供给投标人，由投标人根据工程量清单自主报价的计价方式。

工程量清单计价方法的宗旨就是在全国范围内，统一项目编码、统一项目名称、统一计量单位、统一工程量计算规则。在这四项统一的前提下，由国家主管职能部门统一编制《建设工程工程量清单计价规范》（GB 50500—2008），并作为强制性标准，在全国范围内统一实施。

2.2.2　工程量清单计价的基本原理

工程量清单计价是一种市场定价模式，在工程发包过程中以招标人提供的工程量清单作为平台，投标人根据自身的技术、财务和管理能力自主投标报价，招标人根据具体的评标细则进行优选，一般以不低于成本价的最低价中标，这种计价模式充分体现了其市场竞争性。随着我国建设市场和市场经济的不断发展，工程量清单计价方法将是工程投标报价的主要方式，也将会更加成熟和规范。

工程量清单计价的基本过程可以描述为在统一的工程量计算规则的基础上，制定工程量清单项目设置规则，根据具体工程的施工图纸计算出各个清单项目的工程量，然后再根据各种渠道所获得的工程造价信息和经验数据计算得到工程造价。这一基本计算过程如图 2.1 所示。

从图 2.1 中可以看出，其编制过程可以分成两个阶段：工程量清单格式的编制和利用

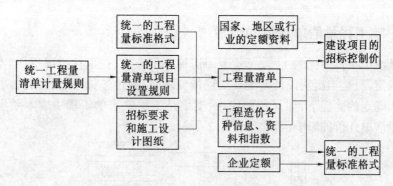

图 2.1　工程造价工程量清单计价过程示意图

工程量清单编制投标报价。投标报价是在业主提供的工程量计算结果的基础上,根据企业自身所掌握的各种信息、资料并结合企业定额编制出来的。

2.2.3　工程量清单计价的特点

工程量清单计价真实地反映了工程实际,为把定价自主权交给市场参与方提供了可能。在招标过程中采用工程量清单计价方法具有如下特点。

1. 统一计价规则

通过制定统一的建设工程工程量清单计价方法、统一的工程量计量规则、统一的工程量清单项目设置规则,从而达到规范计价行为的目的。这些规则和办法是强制性的,建设各方都应该严格遵守,这是工程造价管理部门首次在文件中明确政府应管什么,不应管什么。

2. 有效控制消耗量

通过政府发布的社会平均消耗量指导标准,为企业提供一个社会平均标准,避免企业盲目或随意大幅度扩大或减少消耗量,从而达到保证工程质量的目的。

3. 彻底放开价格

将工程消耗量定额中的工、料、机的价格,利润和管理费全面放开,由市场的供求关系自主确定价格。

4. 企业自主报价

投标企业根据自身的技术特长、材料采购渠道和管理水平等,制定出企业自己的报价定额,自主报价。如果企业没有报价定额的,可参考使用造价管理部门颁布的相关定额。

5. 市场有序竞争形成价格

通过建立与国际惯例接轨的工程量清单计价模式,引入充分竞争形成价格的机制,制定衡量投标报价合理性的基础标准。在投标的过程中,有效地引入竞争机制,淡化标底的作用,在保证质量、工期的前提下,按照《中华人民共和国招标投标法》及有关条款的规定,最终以"不低于成本"的合理低价中标。

2.2.4　影响工程量清单计价的因素

工程量清单报价中标的工程,不管采用何种计价方法,在正常情况下,基本说明工程造价已经确定,只是当出现设计变更或工程量变动时,通过签证再进行结算调整,另行计算。在收入既定的前提下,如何控制成本、支出是工程量清单工程中成本要素的管理重点。工程量清单计价的影响因素,如图 2.2 所示。

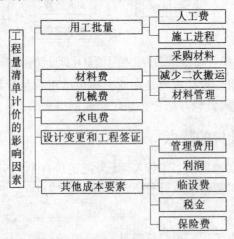

图 2.2　工程量清单计价的影响因素示意图

1. 对用工批量的有效管理

人工费支出约占建筑产品成本的 17%,并且随着市场价格的波动而不断变化。所以,对人工单价在整个施工期间做出切合实际的预测,是控制人工费用支出的前提条件。

首先,根据施工进度,月初根据工序合理做出用工数量的预测,再结合市场人工单价计算出本月的控制指标。其次,在施工过程中,根据工程分部分项,对每天用工数量进行连续记录,在完成一个分项后,就同工程量清单报价中的用工数量对比,进行横评并找出存在问题,办理相应手续以便对控制指标加以修正。每月完成几个工程分项后,各自均同工程量清单报价中的用工数量对比,考核控制指标完成情况。通过这种控制方法来节约用工数量,就意味着降低人工费支出,也就是增加了相应的效益。这种对用工数量控制的方法最大优势在于不受任何工程结构形式的影响,分阶段加以控制,表现出很强的实用性。人工费用控制指标,主要是从量上加以控制。其重点是通过对在建工程过程的控制,积累各类结构形式下实际用工数量的原始资料,以便形成企业定额体系。

2. 材料费用的管理

材料费用开支约占建筑产品成本的 63%,所以,材料费用是成本要素控制的重点。材料费用因工程量清单报价形式不同及材料供应方式不同而不同。如业主限价的材料价格,其管理主要从施工企业采购过程降低材料单价来把握。首先,对本月施工分项所需材料用量下发给采购部门,在保证材料质量前提下货比三家,择优选择。采购过程以工程量清单报价中材料价格作为控制指标,确保采购过程能产生收益。对业主供材供料,要确保足斤足两,严把验收入库环节。其次,在施工过程中,严格执行质量方面的程序文件,要做到材料堆放合理布局,减少二次搬运。具体操作依据工程进度实行限额领料,完成一个分项后,进行控制效果的考核。最后,杜绝没有收入的支出,把返工损失降到最低限度。月末应把控制用量和价格同实际数量横向对比,进行实际效果的考核,对超用材料数量落实清楚,如是在哪个工程子项造成的超额用量,造成的原因是什么,是否存在同业主计取材料差价的问题等。

3. 机械费用的管理

机械费的开支约占建筑产品成本的 7% ,其控制指标主要是根据工程量清单计算出使用的机械控制台班数。在施工过程中,每天做详细台班记录,记录是否存在维修、待班的台班。如存在现场停电超过合同规定时间情况,应在当天同业主做好待班现场签证记录,月末要将实际使用台班同控制台班的绝对数进行对比,分析量差发生的原因。对机械费价格一般采取租赁协议,合同在结算期内一般不变动,所以关键是控制实际用量。依据现场情况做到设备合理布局、充分利用,尤其是要合理安排大型设备进出场时间,以降低费用。

4. 施工过程中水电费的管理

水电费的管理,在以往工程施工中是一直被忽视的问题。水作为人类赖以生存的宝贵资源,越来越短缺,这就是正在给人类敲响警钟。因此,加强施工过程中水电费管理的重要性不言而喻。为便于施工过程支出的控制管理,应把控制用量计算到施工子项以便控制水电费用。月末将完成子项所需水电用量同实际用量对比,找出差距的出处,以便制定改正措施。总之施工过程中对水电用量的控制不仅仅是一个经济效益的问题,更是一个合理利用宝贵资源的重要问题。

5. 对设计变更和工程签证的管理

在施工过程中,经常会遇到一些原设计未预料到的实际情况,或业主单位提出要求改变某些施工做法及材料代用等,从而引发设计变更;同样,对施工图以外的内容及停水、停电,或因材料供应不及时而造成停工、窝工等也都需要办理工程签证。以上两部分工作,首先,应由负责现场施工的技术人员做好工程量的确认,如发现存在工程量清单不包括的施工内容,应及时通知技术人员,将需要办理工程签证的内容落实清楚。其次,工程造价人员应审核变更或签证签字内容是否清楚完整、手续是否齐全,如手续不齐全,应在当天督促施工人员补办手续,另外,变更或签证的资料应连续编号。最后,工程造价人员还应特别注意在施工方案中涉及的工程造价问题。在投标时工程量清单是在既定的施工方案基础上,依据以往的经验计价的。施工方案的改变就是对工程量清单造价的修正。变更或签证是工程量清单工程造价中不包括的内容,但在施工过程中费用已经发生,工程造价人员就应及时地编制变更及签证后的变动价值。加强设计变更和工程签证工作是施工企业经济活动中的一个重要组成部分,这样可以防止应得效益的流失,反映工程真实造价的构成,对施工企业各级管理者来说尤为重要。

6. 对其他成本要素的管理

成本要素除工料单价法包含的之外,还包括管理费用、利润、临设费、税金和保险费等。这部分收入已分散在工程量清单的子项之中,中标后已成既定的数额,所以在施工过程中应注意以下几点。

（1）节约管理费用是重点，制定切实的预算指标，对每笔开支都要严格依据预算执行审批手续；提高管理人员的综合素质，做到高效精干，提倡一专多能。对办公费用的管理，要从节约一张纸、减少每次通话时间等各个方面着手，精打细算，控制费用支出。

（2）利润作为工程量清单子项收入的一部分，在成本不亏损的情况下，就可作为企业的既定利润。

（3）临设费管理的重点是依据施工的工期及现场情况合理布局临设。尽可能就地取材搭建临设，并且在工程接近竣工时及时减少临设的占用。对购买的彩板房在每次安、拆时都要高抬轻放，延长使用次数。日常使用要及时维护易损部位，延长使用寿命。

（4）对税金、保险费的管理重点是资金问题，依据施工进度及时拨付工程款，确保能够按国家规定的税金及时上缴。

以上所述四点是施工企业的成本要素，针对工程量清单形式所带来的风险性，施工企业要从加强过程控制的管理入手，才能将风险降到最低。积累各种结构形式下成本要素的资料，逐步形成科学的、合理的，具有代表人力、财力和技术力量的企业定额体系。通过企业定额的实行，不再盲目报价，避免了一味过低或过高报价所形成的亏损、废标，以应付复杂激烈的市场竞争。

2.2.5　工程量清单计价与定额计价的差别

1. 编制工程量的单位不同

传统定额预算计价办法是：园林绿化工程的工程量分别由招标单位和投标单位按图计算。工程量清单计价办法是：工程量由具有编制能力的招标人或受其委托，具有相应资质的工程造价咨询人统一计算，"工程量清单"是招标文件的重要组成部分，各投标单位根据招标人提供的"工程量清单"，自身的技术装备、施工经验、企业成本、企业定额和管理水平自主填写报价单。

2. 编制工程量清单的时间不同

传统的定额预算计价法是在发出招标文件后编制的（招标人与投标人同时编制或投标人编制在前，招标人编制在后），而工程量清单报价法必须在发出招标文件前编制。

3. 表现形式不同

采用传统的定额预算计价法一般是总价形式。工程量清单报价法采用综合单价形式，综合单价包括人工费、材料费、机械使用费、管理费和利润，并考虑风险因素。工程量清单报价的特点是直观、单价相对固定，工程量发生变化时，单价一般不做调整。

4. 编制依据不同

传统的定额预算计价法依据图纸；人工、材料、机械台班消耗量依据建设行政主管部门颁发的预算定额；人工、材料、机械台班单价依据工程造价管理部门发布的价格信息进行计算。工程量清单报价法，根据原建设部（现住建部）第 107 号令规定，标底的编制依据是招标文件中的工程量清单和有关要求、施工现场情况、合理的施工方法及按建设行政主管部门制定的有关工程造价计价办法。企业的投标报价则依据企业定额和市场价格信息,或参照建设行政主管部门发布的社会平均消耗量定额进行编制。

5. 费用组成不同

传统预算定额计价法的工程造价由直接工程费、措施费、间接费、利润和税金组成。工程量清单计价法的工程造价包括分部分项工程费、措施项目费、其他项目费、规费和税金;完成每项工程包含的全部工程内容的费用;完成每项工程内容所需的费用(规费、税金除外);工程量清单中没有体现的,施工中又必须发生的工程内容所需费用;因风险因素而增加的费用。

6. 评标所用的方法不同

传统预算定额计价投标一般采用百分制评分法。采用工程量清单计价法投标则一般采用合理低报价中标法,既要对总价进行分析评分,还要对综合单价进行分析评分。

7. 项目编码不同

传统的预算定额项目编码,全国各省市采用不同的定额子目。工程量清单计价全国实行统一编码,项目编码采用 12 位阿拉伯数字表示。1~9 位为统一编码,其中,1、2 位为附录顺序码,3、4 位为专业工程顺序码,5、6 位为分部工程顺序码,7、8、9 位为分项工程项目名称顺序码,10~12 位为清单项目名称顺序码。其中,前 9 位码不能变动,后 3 位码由清单编制人根据项目设置的清单项目编制。

8. 合同价调整方式不同

传统的定额预算计价合同价的调整方式有:变更签证、定额解释及政策性调整。工程量清单计价法合同价的调整方式主要是索赔。工程量清单的综合单价一般是通过招标中报价的形式体现,一旦中标,报价作为签订施工合同的依据就会相对固定下来,工程结算按承包商实际完成工程量乘以清单中相应的单价计算,这样,减少了调整活口。采用传统的预算定额经常有定额解释及定额规定,结算中还有政策性文件调整。工程量清单计价单价不得随意调整。

9. 工程量计算时间前置

工程量清单在招标前由招标人编制。有时业主为了缩短建设周期,一般在初步设计完成后就开始施工招标,在不影响施工进度的前提下陆续发放施工图纸,所以承包商据以报价的工程量清单中的各项工作内容下的工程量一般都为概算工程量。

10. 投标计算口径达到了统一

由于各投标单位都根据统一的工程量清单报价,投标计算口径达到了统一。各投标单位各自计算工程量,而不再是传统预算定额招标,各投标单位计算的工程量均不一致。

11. 索赔事件增加

因承包商对工程量清单单价包含的工作内容一目了然,所以凡建设方不按清单内容施工及任意要求修改清单的,都是增加施工索赔的因素。

2.3　工程量清单的编制

2.3.1　工程量清单概述

1. 工程量清单的编制主体及编制责任

工程量清单应由具有编制能力的招标人或受其委托、具有相应资质的工程造价咨询人依据有关计价办法、招标文件的有关要求、设计文件和施工现场的实际情况进行编制。编制好园林工程量清单,关系到清单计价的成败。

采用工程量清单方式招标,工程量清单必须作为招标文件的组成部分,其准确性和完整性由招标人负责。

2. 工程量清单的作用

工程量清单是工程量清单计价的基础,应作为标准招标控制价、投标报价、计算工程量、支付工程款、调整合同价款、办理竣工结算及工程索赔等的依据。

2.3.2　工程量清单的编制依据

工程量清单应依据下列原则进行编制:
(1)《建设工程工程量清单计价规范》(GB 50500—2008)。
(2)国家或省级、行业建设主管部门颁发的计价依据和办法。
(3)建设工程设计文件。
(4)与建设工程项目有关的标准、规范、技术资料。
(5)招标文件及补充通知、答疑纪要。
(6)施工现场情况、工程特点及常规施工方案。
(7)其他相关资料。

2.3.3　分部分项工程量清单

分部分项工程量清单应标明拟建工程的全部分项实体工程名称和相应数量。编制时应防止错项、漏项。

1. 分部分项工程量清单的构成

分部分项工程量清单应包括项目编码、项目名称、项目特征、计量单位和工程量。这五项是构成分部分项工程量清单的五个要件,在分部分项工程量清单的构成中缺一不可。

2. 分部分项工程量清单项目编码的确定

分部分项工程量清单的项目编码应采用 12 位阿拉伯数字表示。其中 1、2 位为工程分类顺序码,建筑工程为 01,装饰装修工程为 02,安装工程为 03,市政工程为 04,园林绿化工程为 05,矿山工程为 06;3、4 位为专业工程顺序码;5、6 位为分部工程顺序码;7、8、9 位为分项工程项目名称顺序码;10 ~ 12 位为清单项目名称顺序码,应根据拟建工程的工程量清单项目名称设置。

在编制工程量清单时应注意项目编码的设置不得有重码,特别是当同一标段(或合同段)的一份工程量清单中含有多个单项或单位工程并且工程量清单是以单项或单位工程为编制对象时,应注意项目编码中的 10 ~ 12 位的设置不得重码。例如,一个标段(或合同段)的工程量清单中含有三个单项或单位工程,每一单项或单位工程中都有项目特征相同的石桥基础,在工程量清单中又需反映三个不同单项或单位工程的石桥基础工程量,此时工程量清单应以单项或单位工程为编制对象,第一个单项或单位工程的石桥基础的项目编码为 050201005001,第二个单项或单位工程的石桥基础的项目编码为 050201005002,第三个单项或单位工程的石桥基础的项目编码为 050201005003,并分别列出各单项或单位工程石桥基础的工程量。

3. 分部分项工程量清单项目名称的确定

分部分项工程量清单的项目名称应按附录的项目名称结合拟建工程的实际确定。

4. 分部分项工程量清单项目的工程量的计算规则

分部分项工程量清单中所列工程量应按《建设工程工程量清单计价规范》(GB 50500—2008)附录中规定的工程量计算规则计算。工程量的有效位数应遵守下列规定。

(1)以"t"为单位,应保留三位小数,第四位小数四舍五入。

(2)以"m^3"、"m^2"、"m"和"kg"为单位,应保留两位小数,第三位小数四舍五入。

(3)以"个"、"项"等为单位,应取整数。

5. 分部分项工程量清单的计量单位的确定

分部分项工程量清单的计量单位应按《建设工程工程量清单计价规范》(GB 50500—2008)附录中规定的计量单位确定,当计量单位有两个或两个以上时,应根据拟建工程项目的实际来选择最适宜表现该项目特征并方便计量的单位。

6. 分部分项工程量清单的项目特征的描述原则

项目特征是对项目的准确描述,是影响价格的因素,是设置具体清单项目的依据。

(1)分部分项工程量清单项目特征应按《建设工程工程量清单计价规范》(GB 50500—2008)附录中规定的项目特征,结合拟建工程项目的实际予以描述。

(2)若采用标准图集或施工图纸能够全部或部分满足项目特征描述的要求,项目特征描述可直接采用"详见××图集或××图号"的方式。对不能满足项目特征描述要求的部分,应采用文字描述。

(3)在对分部分项工程量清单项目特征进行描述时,可按下列要点进行。

1)必须描述的内容。

①涉及正确计量的内容必须描述。如门窗洞口尺寸或框外围尺寸,1 樘门或窗的大小会直接关系到门窗的价格,所以对门窗洞口或框外围尺寸进行描述是十分必要的。

②涉及结构要求的内容必须描述。如混凝土构件的混凝土强度等级,因混凝土强度等级不同,其价格也会有所不同,所以对混凝土构件的混凝土的强度等级必须描述。

③涉及材质要求的内容必须描述。如油漆的品种、管材的材质;还要对管材的规格、型号进行描述。

④涉及安装方式的内容必须描述。如电气控制柜的安装方式必须描述。

2）可不描述的内容。

①对计量计价没有实质影响的内容可不描述。如对现浇混凝土柱的高度、断面大小等的特征规定可以不描述,因为混凝土构件是按"m³"计量的,对此描述的实质意义不大。

②应由投标人根据施工方案确定的可以不描述。如对石方的预裂爆破的单孔深度及装药量的特征规定,要由清单编制人来描述是比较困难的,而由投标人根据施工要求,在施工方案中确定,由其自主报价则是比较恰当的。

③应由投标人根据当地材料和施工要求确定的可不描述。如对混凝土构件的混凝土拌和料使用的石子种类及粒径、砂的种类等特征规定可以不描述。因为混凝土拌和料使用砾石还是碎石,粗砂、中砂、细砂或特细砂,除构件本身有特殊要求需要指定的之外,主要取决于工程所在地的砂、石子材料的供应情况。而石子的粒径大小主要取决于钢筋配筋的密度。

④应由施工措施解决的可不描述。如对现浇混凝土板、梁的标高等特征规定可以不描述。因为同样的板或梁,都可以将其归入同一个清单项目中,但由于标高的不同,因楼层的变化将会导致对同一项目提出多个清单项目,不同的楼层其工效也是不一样的,但这种差异可以由投标人在报价中考虑,或在施工措施中解决。

3）可不详细描述的内容。

①无法准确描述的可以不详细描述。如土壤类别,由于我国幅员辽阔,南北、东西差异比较大,特别是南方,在同一地点,由于表层土与表层土以下的土壤类别是不相同的,所以,要求清单编制人准确判定某类土壤所占比例是比较困难的,在这种情况下,可考虑将土壤类别描述为合格,注明由投标人根据地勘资料自行确定土壤类别,决定报价。

②施工图纸、标准图集标注明确的可不详细描述。

③还有一些项目可不详细描述,但清单编制人员在项目特征描述中应注明由投标人自行确定。如土方工程中的"取土运距"、"弃土运距"等。首先,要求清单编制人决定在多远取土或取、弃土运往多远是比较困难的;其次,由投标人根据在建工程施工情况统筹安排,自主决定取、弃土方的运距还可以充分体现竞争的要求。

4）对规范中没有项目特征要求的个别项目,但又必须描述的应予以描述。例如,"厂库房大门、特种门",计价规范以"樘"作为计量单位,但又没有规定门大小的特征描述,因此,"框外围尺寸"就是影响报价的重要因素,必须描述,以便投标人准确报价。

7. 分部分项工程量清单的补充项目的编制

编制工程量清单出现《建设工程工程量清单计价规范》(GB 50500—2008)附录中未包括的项目,编制人应做补充,并报省级或行业工程造价管理机构备案,省级或行业工程造价管理机构应汇总报住房和城乡建设部标准定额研究所。

补充项目的编码由附录的顺序码与 B 和 3 位阿拉伯数字组成,并应从×B001 起顺序进行编制,同一招标工程的项目不得重码。工程量清单中需附有补充项目的名称、项目特征、计量单位、工程量计算规则和工程内容。

2.3.4 措施项目清单

（1）措施项目是指为完成工程项目施工,发生在该工程施工前和施工过程中的技术、生活、安全等方面的非工程实体项目。

（2）措施项目清单应根据拟建工程的实际情况进行列项。通用措施项目可按表2.1选择列项，专业工程的措施项目可按表2.2～2.6规定的项目选择列项。若出现表2.1～2.6中未列的项目，可根据工程实际情况予以补充。

（3）措施项目中可以计算工程量的项目清单应采用分部分项工程量清单的方式编制，列出项目编码、项目名称、项目特征、计量单位和工程量计算规则；不能计算工程量的项目清单，应以"项"为计量单位。

（4）《建设工程工程量清单计价规范》（GB 50500—2008）将实体性项目划分为分部分项工程量清单，非实体性项目划分为措施项目。其中，所谓非实体性项目，一般来说，其费用的发生和金额的大小与使用时间、施工方法或两个以上工序相关，而与实际完成的实体工程量的多少关系不大，典型的是大中型施工机械、文明施工和安全防护及临时设施等。但有的非实体性项目，是可以计算工程量的项目，典型的是混凝土浇筑的模板工程，用分部分项工程量清单的方式采用综合单价，更有利于措施费的确定和调整及合同的管理。

表2.1　通用措施项目一览表

序号	项　目　名　称
1	安全文明施工（含环境保护、文明施工、安全施工、临时设施）
2	夜间施工
3	二次搬运
4	冬雨季施工
5	大型机械设备进出场及安拆
6	施工排水
7	施工降水
8	地上、地下设施，建筑物的临时保护设施
9	已完工程及设备保护

表2.2　建筑工程措施项目一览表

序号	项　目　名　称
1.1	混凝土、钢筋混凝土模板及支架
1.2	脚手架
1.3	垂直运输机械

表2.3　装饰装修工程措施项目一览表

序号	项　目　名　称
2.1	脚手架
2.2	垂直运输机械
2.3	室内空气污染测试

表 2.4 安装工程措施项目一览表

序号	项 目 名 称
3.1	组装平台
3.2	设备、管道施工的防冻和焊接保护措施
3.3	压力容器和高压管道的检测
3.4	焦炉施工大棚
3.5	焦炉烘炉、热态工程
3.6	管道安装后的充气保护措施
3.7	隧道内施工的通风、供水、供气、供电、照明及通信设施
3.8	现场施工围栏
3.9	长输管道临时水工保护设施
3.10	长输管道施工便道
3.11	长输管道跨越或穿越施工措施
3.12	长输管道地下穿越地上建筑物的保护措施
3.13	长输管道工程施工队伍调遣
3.14	格架式抱杆

表 2.5 市政工程措施项目一览表

序号	项 目 名 称
4.1	围堰
4.2	筑捣
4.3	现场施工围栏
4.4	便道
4.5	便桥
4.6	洞内施工的通风、供水、供气、供电、照明及通信设施
4.7	驳岸块石清理
4.8	地下管线交叉处理

表 2.6 矿山工程措施项目一览表

序号	项目名称	序号	项目名称
6.1	特殊安全技术措施	6.4	防洪工程
6.2	前期上山道路	6.5	凿井措施
6.3	作业平台	6.6	临时支护措施

2.3.5　其他项目清单

其他项目清单主要体现了招标人提出的与拟建项目有关的一些特殊要求,其他项目清单应按照下列内容列项。

1. 暂列金额

暂列金额是指招标人在工程量清单中暂定并且包括在合同价款中的一笔款项。《建设工程工程量清单计价规范》(GB 50500—2008)明确规定暂列金额用于施工合同签订时尚未确定或者不可预见的所需材料、设备和服务的采购,施工中可能发生的工程变更、合同约定调整因素出现时的工程价款调整及发生的索赔、现场签证确认等的费用。

无论采用何种合同形式,工程造价理想的标准是:一份合同的价格即为其最终的竣工结算价格,或者至少两者应尽可能地接近。我国规定对政府投资工程实行概算管理,经项目审批部门批复的设计概算是工程投资控制的刚性指标,即使是商业性开发项目也有成本预先控制的问题,以便相对准确地预测投资的收益和科学、合理地进行投资控制。但工程建设自身的特性决定了工程的设计要根据工程的进展不断地进行优化和调整,业主的需求可能会随工程建设的进展而出现变化,工程建设过程中还会存在一些不能预见或不能确定的因素。消化这些因素必然会影响合同价格的调整,暂列金额正是为这类不可避免的价格调整而设立的,以便达到合理确定和有效控制工程造价的目标。

另外,暂列金额列入合同价格并不等于就属于承包人所有了,即使是总价包干合同,也不等于列入合同价格的所有金额就属于承包人所有,是否属于承包人应得金额要取决于合同的具体约定,只有按合同约定程序实际发生后,才能成为承包人的应得金额,纳入合同结算价款中。扣除实际发生金额后的暂列金额余额仍然归属于发包人所有。设立暂列金额并不能保证合同结算价格从此不再出现超过合同价格的情况,是否超出合同价格完全取决于工程量清单编制人暂列金额预测的准确性,以及工程建设过程是否出现了其他事先未预测到的事件。

2. 暂估价

暂估价是指从招标阶段到签订合同协议时,招标人在招标文件中提供的用于支付必然发生但暂时不能确定价格的材料及专业工程的金额。暂估价包括材料暂估单价和专业工程暂估价。暂估价数量和拟用项目应结合工程量清单中的"暂估价表"予以补充说明。

为了方便合同管理,需要纳入分部分项工程量清单项目综合单价中的暂估价应只包括材料费,以方便投标人组价。

专业工程的暂估价一般是综合暂估价,应包括除规费和税金以外的管理费、利润等。总承包招标时,专业工程设计深度往往是不够的,需要交由专业设计人员设计,国际上,出于提高可建造性考虑,通常由专业承包人负责设计,以发挥其专业技能和施工经验的优势。专业工程交由专业分包人完成,是国际工程的良好实践,目前在我国工程建设领域也已经比较普遍。公开、透明、合理地确定这类暂估价的实际开支金额的最佳途径,就是施工总承包人与工程建设项目招标人共同组织的招标。

3. 计日工

计日工是为解决现场发生的零星工作的计价而设立的,它为额外工作和变更的计价提供了一个方便快捷的途径。计日工适用的所谓零星工作一般是指合同约定之外的或因变更而产生的、工程量清单中没有相应项目的额外工作,特别是那些时间不允许事先商定价格的额外工作。计日工以完成零星工作所消耗的人工工时、材料数量、机械台班进行计量,并按计日工表中填报的适用项目的单价进行计价支付。

国际上常见的标准合同条款中,大部分都设立了计日工计价机制。但在我国以往的工程量清单计价实践中,由于计日工项目的单价水平一般要高于工程量清单项目的单价水平,所以经常被忽略。从理论上讲,由于计日工往往是用于一些突发性的额外工作,缺少计划性,承包人在调动施工生产资源方面难免不影响已经计划好的工作,使得生产资源的使用效率也有一定的降低,客观上造成超出常规的额外投入。另外,其他项目清单中计日工往往是一个暂定的数量,无法纳入有效的竞争,所以合理的计日工单价水平一定要高于工程量清单的价格水平。为了获得合理的计日工单价,发包人在其他项目清单中一定要对计日工给出暂定数量,并需要根据经验尽可能地估算一个接近实际的数量。

4. 总承包服务费

总承包服务费是指为了解决招标人在法律、法规允许的条件下进行专业工程发包,以及自行供应材料、设备,并需要总承包人对发包的专业工程提供协调、配合服务,对供应的材料、设备提供收、发和保管服务及进行施工现场管理时发生并向总承包人支付的费用。招标人应预计该项费用并按投标人的投标报价向投标人支付。

2.3.6　规费项目清单

规费是指根据省级政府或省级有关权力部门规定必须缴纳的,应计入建筑安装工程造价的费用。根据原建设部(现住建部)、财政部"关于印发《建筑安装工程费用项目组成》的通知"(建标[2003] 206 号)的规定,规费包括工程排污费、工程定额测定费、社会保障费(养老保险、失业保险、医疗保险)、住房公积金、危险作业意外伤害保险。清单编制人对《建筑安装工程费用项目组成》中未包括的规费项目,在编制规费项目清单时应根据省级政府或省级有关权力部门的规定进行列项。

2.3.7　税金项目清单

根据原建设部(现住建部)、财政部"关于印发《建筑安装工程费用项目组成》的通知"(建标[2003] 206 号)的规定,目前我国税法规定应计入建筑安装工程造价的税种包括营业税、城市维护建设税及教育费附加。如国家税法发生变化,税务部门依据职权增加了税种,则应对税金项目清单进行补充。

2.4　工程量清单计价的编制

2.4.1　工程量清单计价概述

1. 采用工程量清单计价工程造价的组成

采用工程量清单计价,建设工程造价由分部分项工程费、措施项目费、其他项目费、规费和税金组成,见表2.7,具体参见本书2.5 节。

表2.7　工程量清单计价工程造价的组成

分部分项工程量清单费用	人工费		其他项目费	暂列金额	
	材料费			暂估价	材料暂估价
	施工机械使用费				专业工程暂估价
	管理费	管理人员工资		计日工	
		办公费		总承包服务费	
		差旅交通费	规费	工程排污费	
		固定资产使用费		社会保障费	养老保险费
		工具用具使用费			失业保护费
		劳动保险费			医疗保险费
		工会经费		住房公积金	
		职工教育经费		危险作业意外伤害保险	
		财产保险费		工程定额测定费	
		财务费	税金	营业税	
		税金		城市维护建设税	
		其他		教育费附加	
	利润				
措施项目纲	安全文明施工费(含环境保护、文明施工、安全施工、临时设施)				
	夜间施工费				
	二次搬运费				
	冬雨季施工				
	大型机械设备进出场及安拆费				
	施工排水				
	施工降水				
	地上、地下设施,建筑物的临时保护设施费				
	已完工程及设备保护费				
	各专业工程的措施项目费(园林工程无)				

2. 分部分项工程量清单应采用的计价方式

　　《建筑工程施工发包与承包计价管理办法》(原建设部(现住建部)令第 107 号)第五条规定,工程计价方法包括工料单价法和综合单价法。实行工程量清单计价应采用综合单价法,综合单价的组成内容应包括人工费、材料费、施工机械使用费、企业管理费、利润,以及一定范围内的风险费用。

（1）人工费是指从事建筑安装工程施工的生产工人开支的各项费用。

（2）材料费是指施工过程中耗费的构成工程实体的原材料、辅助材料、构配件、零件和半成品的费用。

（3）施工机械使用费是指使用施工机械作业所发生的费用。

（4）企业管理费是指建筑安装企业组织施工生产和经营管理所需的费用。

（5）利润是指按企业经营管理水平和市场的竞争能力完成工程量清单中各个分项工程应获得的并计入清单项目中的利润。

（6）分部分项工程费用中，还应考虑由施工方承担的风险因素，计算风险费用。风险费用是指投标企业在确定综合单价时，客观上可能产生的不可避免的误差，以及在施工过程中遇到施工现场复杂恶劣的自然条件、施工中意外事故、物价暴涨及其他风险因素所发生的费用。

3. 工程量在招标阶段的作用及在竣工结算中的确定原则

招标文件中的工程量清单所标明的工程量是招标人根据拟建工程设计文件预计的工程量，并不能作为承包人在实际工作中应予完成的实际、准确的工程量。招标文件中工程量清单所列的工程量不仅是各投标人进行投标报价的共同基础，同时也是对各投标人的投标报价进行评审的共同平台，是招投标活动应当遵循的公开、公平、公正和诚实、信用原则的具体体现。

发、承包双方进行工程竣工结算的工程量应按发、承包双方在合同中约定的应予计量且实际完成的工程量确定，而非招标文件中工程量清单所列的工程量。

4. 措施项目的不同计价方式及包含内容

措施项目费是指施工企业为完成工程项目施工发生于该工程施工过程中的技术、生活、安全和环境保护等方面的非工程实体项目费用。

措施项目清单计价应根据拟建工程的施工组织设计，可计算工程量的措施项目，按分部分项工程量清单的方式采用综合单价计价；其余的措施项目可以以"项"为单位计价，其中应包括除规费、税金外的全部费用。

5. 安全文明施工费的计价原则

根据《中华人民共和国安全生产法》《中华人民共和国建筑法》《建设工程安全生产管理条例》《安全生产许可证条例》等法律、法规的规定，原建设部（现住建部）办公厅印发了《建筑工程安全防护、文明施工措施费及使用管理规定》（建办〔2005〕89号），将安全文明施工费纳入国家强制性标准管理范围，其费用标准不予竞争。《建设工程工程量清单计价规范》（GB 50500—2008）规定措施项目清单中的安全文明施工费应按国家或省级、行业建设主管部门的规定费用标准计价，招标人不得要求投标人对该项费用进行优惠，投标人也不得将该项费用参与市场竞争。这里所说的安全文明施工费包括《建筑安装工程费用项目组成》（建标〔2003〕206号）中措施费的文明施工费和环境保护费、临时设施费和安全施工费。

6. 其他项目清单的计价要求

其他项目清单应根据工程特点和工程实施过程中的不同阶段进行计价。

7. 其他项目清单中暂估价的计价原则

按照《工程建设项目货物招标投标办法》（国家发改委、原建设部（现住建部）等七部委 27 号令）第五条规定："以暂估价形式包括在总承包范围内的货物达到国家规定规模标准的,应当由总承包中标人和工程建设项目招标人共同依法组织招标。"如招标人在工程量清单中提供了暂估价的材料和专业工程属于依法必须招标的,则由承包人和招标人共同通过招标确定材料单价和专业工程分包价。如材料不属于依法必须招标的,则经发、承包双方协商确认单价后计价。如专业工程不属于依法必须招标的,也应经发、承包双方协商确认单价后计价。

上述规定同样适用于以暂估价形式出现的专业分包工程。

对未达到法律、法规规定招标规模标准的材料和专业工程,则要约定定价的程序和方法,并与材料样品报批程序相互衔接。

8. 规费和税金的计价原则

根据原建设部（现住建部）、财政部印发的《建筑安装工程费用项目组成》（建标〔2003〕206 号）的规定,规费是政府和有关权力部门规定必须缴纳的费用。税金是国家按照税法预先规定的标准,强制、无偿地要求纳税人缴纳的费用。两者都是工程造价的组成部分,但其费用内容和计取标准都不是发、承包人能自主确定的,更不是由市场竞争所决定的。因此,《建设工程工程量清单计价规范》（GB 50500—2008）规定,规费和税金应按国家或省级、行业建设主管部门的规定计算,不得作为竞争性费用。

9. 工程风险的确定原则

采用工程量清单计价的工程,应在招标文件或合同中明确风险内容及其范围（或幅度）,不得采用无限风险、所有风险或类似语句规定风险内容及其范围（或幅度）。

根据我国工程建设的特点及国际惯例,工程施工阶段的风险应采用以下分摊原则,由发、承包双方分担。

（1）对于承包人根据自身技术水平、管理及经营状况能够自主控制的技术风险和管理风险等,如承包人的管理费、利润的风险等,承包人应结合市场情况,根据企业自身实际合理确定、自主报价,该部分风险由承包人全部承担。

（2）对于法律、法规、规章或有关政策出台导致工程税金、规费等发生变化,并由省级、行业建设行政主管部门或其授权的工程造价管理机构根据上述变化发布的政策性调整的,承包人不应承担此部分风险,应按照有关调整规定执行。

（3）针对我国目前工程建设的实际情况,各省、自治区、直辖市建设行政主管部门根据当地劳动行政主管部门的有关规定所发布的人工成本信息,对此关系职工切身利益的人工费,承包人不应承担风险,应按相关规定进行调整。

（4）对于主要由市场价格波动所导致的价格风险,如工程造价中的建筑材料、燃料等价格风险,发、承包双方应在招标文件或合同中对此类风险的范围和幅度予以明确约定,进行合理分摊。

根据工程特点和工期要求,《建设工程工程量清单计价规范》（GB 50500—2008）中规定,承包人可承担 5% 以内的材料价格风险、10% 的施工机械使用费的风险。

2.4.2　招标控制价

招标控制价是招标人根据国家或省级、行业建设主管部门颁发的有关计价依据和办法,按设计施工图纸计算的,对招标工程限定的最高工程造价。国有资金投资的工程建设项目应实行工程量清单招标,并应编制招标控制价。招标控制价超过批准的概算时,招标人应将其报原概算部门审核。投标人的投标报价高于招标控制价的,其投标应予以拒绝。

1. 招标控制价的编制人

招标控制价应由具有编制能力的招标人,或受其委托具有相应资质的工程造价咨询人编制。工程造价咨询人不得同时接受招标人和投标人对同一工程的招标控制价和投标报价进行编制。

所谓具有相应资质的工程造价咨询人是指根据《工程造价咨询企业管理办法》(原建设部(现住建部)令第 149 号)的规定,依法取得工程造价咨询企业资质,并在其资质许可的范围内接受招标人的委托,编制招标控制价的工程造价咨询企业。即取得甲级工程造价咨询资质的咨询人可承担各类建设项目的招标控制价编制,而取得乙级(包括乙级暂定)工程造价咨询资质的咨询人,则只能承担 5 000 万元以下的招标控制价的编制。

2. 招标控制价的编制依据

招标控制价的编制应依据下列几点:

(1)《建设工程工程量清单计价规范》(GB 50500—2008)。

(2)国家或省级、行业建设主管部门颁发的计价定额和计价办法。

(3)建设工程设计文件及相关资料。

(4)招标文件中的工程量清单及有关要求。

(5)与建设项目相关的标准、规范及技术资料。

(6)工程造价管理机构发布的工程造价信息,工程造价信息没有发布的参照市场价。

(7)其他相关资料。

按上述依据进行招标控制价编制时应注意下列事项:

(1)所使用的计价标准、计价政策应是国家或省级、行业建设主管部门颁布的计价定额和相关政策规定。

(2)所采用的材料价格应是工程造价管理机构通过工程造价信息发布的材料单价,工程造价信息未发布材料单价的材料,其材料价格应通过市场调查予以确定。

(3)国家或省级、行业建设主管部门对工程造价计价中费用或费用标准有规定的,应按规定执行。

3. 招标控制价的编制

(1)分部分项工程费应根据招标文件中的分部分项工程量清单项目的特征描述及有关要求,按规定确定综合单价进行计算。综合单价中应包括招标文件中要求投标人承担的风险费用。招标文件提供了暂估单价的材料,应按暂估的单价计入综合单价。

(2)措施项目费应按招标文件中提供的措施项目清单来确定,措施项目采用分部分项工程综合单价形式进行计价的工程量,应按措施项目清单中的工程量,并且按规定确定综合单价;以"项"为单位的方式计价的,应按规定确定除规费、税金以外的全部费用。措施项目费中的安全文明施工费应按国家或省级、行业建设主管部门的规定标准计价。

(3)其他项目费应按下列规定计价。

1)暂列金额。暂列金额由招标人根据工程特点,按有关计价规定进行估算确定。在编制招标控制价时应对施工过程中可能出现的各种不确定因素对工程造价产生的影响进行估算,列出一笔暂列金额,以保证工程施工建设的顺利实施。暂列金额可根据工程的复杂程度、设计深度、工程环境条件(包括地质、水文和气候条件等)进行估算,一般以分部分项工程费的 10% ~15% 作为参考。

2)暂估价。暂估价包括材料暂估价和专业工程暂估价。暂估价中的材料单价应按工程造价管理机构发布的工程造价信息或参考市场价格来确定。暂估价中的专业工程暂估价应分不同专业,按有关计价规定估算。

3)计日工。计日工包括计日工人工、材料和施工机械。在编制招标控制价时,计日工中的人工单价和施工机械台班单价应按省级、行业建设主管部门或其授权的工程造价管理机构公布的单价计算;材料应按工程造价管理机构发布的工程造价信息中的材料单价计算,对于工程造价信息未发布材料单价的材料,其价格应通过市场调查予以确定的单价计算。

4)总承包服务费。招标人应根据招标文件中列出的内容和向总承包人提出的要求,参照下列标准计算总承包服务费。

①招标人要求对分包的专业工程进行总承包管理和协调时,按分包的专业工程估算造价的 1.5% 计算。

②招标人要求对分包的专业工程进行总承包管理和协调,同时还要求提供配合服务时,应根据招标文件中列出的配合服务内容和提出的要求,按分包的专业工程估算造价的 3% ~5% 计算。

③招标人自行供应材料的,应按招标人供应材料价值的 1% 计算。

(4)招标控制价的规费和税金必须按国家或省级、行业建设主管部门的规定计算。

4. 招标控制价编制注意事项

(1)招标控制价的作用决定了招标控制价不同于标底,无需保密。为体现招标的公平、公正,防止招标人有意抬高或压低工程造价,招标人应在招标文件中如实地公布招标控制价,不得对所编制的招标控制价进行上浮或下调。招标人在招标文件中公布招标控制价时,应公布招标控制价各组成部分的详细内容,而不得只公布招标控制价总价。同时,招标人还应将招标控制价报工程所在地的工程造价管理机构备查。

(2)投标人经复核认为招标人公布的招标控制价未按《建设工程工程量清单计价规范》(GB 50500—2008)的规定进行编制的,应在开标前五天向招投标监督机构或(和)工程造价管理机构投诉。招投标监督机构应会同工程造价管理机构共同对投诉进行处理,发现确有错误的,应责成招标人进行修改。

2.4.3　投标价

1. 投标报价的确定原则

(1)投标价中除《建设工程工程量清单计价规范》(GB 50500—2008)中规定的规费、税金及措施项目清单中的安全文明施工费,应按国家或省级、行业建设主管部门的规定计价,不得作为竞争性费用外,其他项目的投标报价由投标人自主确定,但不得低于成本。

(2)投标价应由投标人或受其委托具有相应资质的工程造价咨询人编制。

(3)投标人应按招标人提供的工程量清单填报价格。填写的项目编码、项目名称、项目特征、计量单位、工程量必须与招标人提供的一致。

2. 投标价的编制依据

投标报价应按下列依据进行编制:

(1)《建设工程工程量清单计价规范》(GB 50500—2008)。

(2)国家或省级、行业建设主管部门颁发的计价办法。

(3)企业定额,国家或省级、行业建设主管部门颁发的计价定额。

(4)招标文件、工程量清单及其补充通知、答疑纪要。

(5)建设工程设计文件及相关资料。

(6)施工现场情况、工程特点及拟定的投标施工组织设计或施工方案。

(7)与建设项目相关的标准、规范等技术资料。

(8)市场价格信息或工程造价管理机构发布的工程造价信息。

(9)其他相关资料。

3. 投标价的编制

(1)分部分项工程费。分部分项工程费包括完成分部分项工程量清单项目所需的人工费、材料费、施工机械使用费、企业管理费、利润,以及一定范围内的风险费用。分部分项工程费应按分部分项工程清单项目的综合单价进行计算。投标人投标报价时,应依据招标文件中分部分项工程量清单项目的特征描述,确定清单项目的综合单价。在招投标过程中,如出现招标文件中分部分项工程量清单特征描述与设计图纸不符的情况,此时投标人应以分部分项工程量清单的项目特征描述为准,确定投标报价的综合单价。如施工中施工图纸或设计变更与工程量清单项目特征描述不一致,此时发、承包双方应按实际施工的项目特征,依据合同约定重新确定综合单价。

招标文件中提供了暂估单价的材料,应按暂估的单价计入综合单价;综合单价中应考虑招标文件中要求投标人承担的风险内容及其范围(或幅度)产生的风险费用。在施工过程中,如出现的风险内容及其范围(或幅度)在合同约定的范围内,此时工程价款不做调整。

(2)措施项目费。

1)投标人可以根据工程实际情况并结合施工组织设计,对招标人所列的措施项目进行增补。由于各投标人所拥有的施工装备、技术水平和所采用的施工方法有所差异,而招标人提出的措施项目清单是根据一般情况确定的,没有考虑不同投标人的"个性",所以,投标人投标时应根据自身编制的投标施工组织设计或施工方案确定措施项目,对招标人提供的措施项目进行相应调整。同时,投标人根据投标施工组织设计或施工方案调整和确定的措施项目应通过评标委员会的评审。

2)措施项目费的计算包括以下几点:

①措施项目费的内容应依据招标人提供的措施项目清单和投标人投标时拟定的施工组织设计或施工方案确定。

②措施项目费的计价方式应根据招标文件的规定,对可以计算工程量的措施清单项目采用综合单价方式报价,其余的措施清单项目则采用以"项"为计量单位的方式报价。

③措施项目费由投标人自主确定,但其中的安全文明施工费应按国家或省级、行业建设主管部门的规定确定,并且不得作为竞争性费用。

(3)其他项目费。投标人对其他项目费投标报价应按下列原则进行:

1)暂列金额应按其他项目清单中列出的金额填写,且不得变动。

2)暂估价不得变动和更改。暂估价中的材料必须按其他项目清单中列出的暂估单价计入综合单价,专业工程暂估价必须按其他项目清单中列出的金额填写。

3)计日工应按其他项目清单列出的项目和估算的数量,自主确定各项综合单价并计算其费用。

4)总承包服务费应依据招标人在招标文件中所列出的分包专业工程内容和供应材料、设备情况,按照招标人提出协调、配合与服务的要求和施工现场管理需要来自主确定。

(4)规费和税金。规费和税金应按国家或省级、行业建设主管部门的规定计算,并且不得作为竞争性费用。规费和税金的计取标准是依据有关法律、法规和政策规定制定的,具有强制性。投标人是法律、法规和政策的执行者,必须按照法律、法规和政策的有关规定执行。

(5)投标总价。实行工程量清单招标时,投标人的投标总价应与组成工程量清单的分部分项工程费、措施项目费、其他项目费和规费、税金的合计金额相一致,也就是投标人在投标报价时,不得进行投标总价优惠(或降价、让利),投标人对招标人的任何优惠(或降价、让利)都应反映在相应清单项目的综合单价中。

2.4.4　工程合同价款的约定

1. 工程合同中约定工程价款的原则

实行招标的工程合同价款应在中标通知书发出之日起 30 d 内,由发、承包人双方依据招标文件和中标人的投标文件在书面合同中约定。

不实行招标的工程合同价款,在发、承包人双方认可的工程价款基础上,由发、承包人双方在合同中约定。

2. 实行招标的工程合同约定的原则

实行招标的工程,合同约定不得违背招、投标文件中关于工期、造价、质量等方面的实质性内容。招标文件与中标人投标文件不一致处,以投标文件为准。

3. 合同形式

工程建设合同的形式主要有两种:单价合同和总价合同。合同的形式对工程量清单计价的适用性并不构成影响,无论是单价合同还是总价合同都可以采用工程量清单计价,其区别仅在于工程量清单中所填写的工程量合同的约束力。采用单价合同形式时,工程量清单是合同文件必不可少的组成内容,其中的工程量通常都具备合同约束力(量可调),工程款结算时应按合同中约定的应予计量并实际完成的工程量计算进行调整,由招标人提供统一的工程量清单则表现出了工程量清单计价的主要优点。而采用总价合同形式时,工程量清单中的工程量不具备合同的约束力(量不可调),工程量以合同图纸的标示内容为准,工程量以外的其他内容通常都赋予合同约束力,以便于合同变更的计量和计价。

《建设工程工程量清单计价规范》(GB 50500—2008)规定,实行工程量清单计价的工程,宜采用单价合同方式。即合同约定的工程价款中所包含的工程量清单项目综合单价在约定条件内是固定的,不得调整;工程量允许调整;工程量清单项目综合单价在约定的条件外允许调整,但调整的方式和方法应在合同中约定。

清单计价规范规定,实行工程量清单计价的工程宜采用单价合同,但这并不表示排斥总价合同。总价合同适用于规模不大、工序相对成熟、工期较短及施工图纸完备的工程施工项目。

4. 合同价款的约定事项

发、承包双方应在合同条款中对下列事项进行约定:

(1)预付工程款的数额、支付时间及抵扣方式。预付款是发包人为解决承包人在施工准备阶段资金周转问题提供的协助。如使用大宗材料,可根据工程具体情况设置工程材料预付款。

(2)工程计量与支付工程进度款的方式、数额及时间。

(3)工程价款的调整因素、方法、程序、支付及时间。

(4)索赔与现场签证的程序、金额确认及支付时间。

(5)发生工程价款争议的解决方法及时间。

(6)承担风险的内容、范围及超出约定内容、范围的调整办法。

(7)工程竣工价款结算编制与核对、支付及时间。

(8)工程质量保证(保修)金的数额、预扣方式及时间。

(9)与履行合同、支付价款有关的其他事项。

合同中没有约定或约定不明的,由双方协商确定;协商不能达到一致的,按《建设工程工程量清单计价规范》(GB 50500—2008)执行。

由于合同中涉及工程价款的事项比较多,因此能够详细约定的事项应尽可能具体地约定,约定的用词也应尽可能统一,如有几种解释,最好对用词进行定义,尽可能避免因理解上的歧义而造成合同纠纷。

2.4.5 工程计量与价款支付

1. 预付款的支付和抵扣原则

发包人应按合同约定的时间和比例(或金额)向承包人支付工程预付款。支付的工程预付款,应按合同约定从工程进度款中抵扣。

当合同对工程预付款的支付没有约定时,按下列规则办理,具体见表 2.8。

表 2.8　工程预付款没有约定时的规则

规则	内　　容
工程预付款的额度	原则上预付比例不低于合同金额(扣除暂列金额)的 10%,不高于合同金额(扣除暂列金额)的 30%,对重大工程项目,按年度工程计划逐年预付。实行工程量清单计价的工程,实体性消耗和非实体性消耗部分宜在合同中分别约定预付款比例(或金额)
工程预付款的支付时间	在具备施工条件的前提下,发包人应在双方签订合同后的一个月内或约定的开工日期前的 7 d 内预付工程款
未按合同约定时间付款时	若发包人未按合同约定预付工程款,承包人应在预付时间到期后 10 d 内向发包人发出要求预付款的通知,发包人收到通知后仍不按要求预付,承包人可在发出通知14 d 后停止施工,发包人应从约定应付之日起按同期银行贷款利率计算向承包人支付应付预付的利息,并承担违约责任
没签合同的	凡是没有签订合同或不具备施工条件的工程,发包人不得预付工程款,不得以预付款为名转移资金

2. 工程计量和进度款支付方式

发包人支付工程进度款,应按合同计量和支付。正确计量工程量是发包人向承包人支付工程进度款的前提和依据。计量和付款周期可以采用分段或按月结算的方式,其方式见表 2.9。

表 2.9　进度款的支付方式

工程造价的含义	内　　容
按月结算与支付	即实行按月支付进度款,竣工后结算的办法。合同工期在两个年度以上的工程,在年终进行工程盘点,办理年度结算
分段结算与支付	即当年开工、当年不能竣工的工程按照工程形象进度划分不同阶段,支付工程进度款

如采用分段结算方式,应在合同中约定具体的工程分段划分,付款周期应与计量周期相一致。

3. 工程价款计量与支付方法

(1)工程计量的原则。

1)工程计量时,如发现工程量清单中出现漏项、工程量计算偏差,以及工程变更引起工程量的增减,应按承包人在履行合同义务过程中实际完成的工程量计算。

2)承包人应按合同约定,向发包人递交已完成工程量报告。发包人应在接到报告后按合同约定进行核对。当发、承包双方在合同中未对工程量的计量时间、程序、方法和要求做约定时,按下列规定处理。

①承包人应在每个月末或合同约定的每个工程段末向发包人递交上月或工程段已完工程量报告。

②发包人应在接到报告后 7 d 内按施工图纸(含设计变更)对已完工程量进行核对,

并应在计量前 24 h 通知承包人,承包人应按时参加。

③计量结果。

a. 如发、承包双方均同意计量结果,则双方应签字确认。

b. 如承包人未按通知参加计量,则应由发包人批准的计量是对工程量的正确计量。

c. 如发包人未在规定的核对时间内进行计量,则视承包人提交的计量报告已经被认可。

d. 如发包人未在规定的核对时间内通知承包人而致使承包人未能参加计量,则发包人所做的计量结果无效。

e. 对于承包人超出施工图纸范围或因承包人原因造成返工的工程量,发包人不予以计量。

f. 如承包人不同意发包人的计量结果,承包人应在收到上述结果后 7 d 内向发包人提出,申明承包人认为不正确的详细情况。发包人在收到后,应于两天内重新检查对有关工程量的计量,或予以确认,或将其修改。

g. 发、承包双方均认可的核对后的计量结果应作为支付工程进度款的依据。

(2)承包人递交进度款支付申请的原则。承包人应在每个付款周期末(月末或合同约定的工程段完成后),向发包人递交进度款支付申请,并附上相应的证明文件。除合同另有约定的之外,进度款支付申请应包括下列内容。

1)本周期已完成工程的价款。

2)累计已完成的工程价款。

3)累计已支付的工程价款。

4)本周期已完成计日工金额。

5)应增加和扣减的变更金额。

6)应增加和扣减的索赔金额。

7)应抵扣的工程预付款。

(3)发包人支付工程进度款的原则。发包人在收到承包人递交的工程进度款支付申请及相应的证明文件后,应在合同约定的时间内核对承包人的支付申请并应按合同约定的时间和比例向承包人支付工程进度款。发包人应扣回的工程预付款与工程进度款应同期结算抵扣。

当发、承包双方在合同中未对工程进度款支付申请的核对时间及工程进度款支付时间、支付比例做约定时,应按以下规定办理:

1)发包人应在收到承包人的工程进度款支付申请后 14 d 内核对完毕,否则从第15 d起承包人递交的工程进度款支付申请视为被批准。

2)发包人应在批准工程进度款支付申请的 14 d 内向承包人按不低于计量工程价款的 60%,且不高于计量工程价款的 90% 向承包人支付工程进度款。

3)发包人在支付工程进度款时,应按合同约定的时间、比例(或金额)扣回工程预付款。

4. 争议的处理

(1)发包人未在合同约定的时间内支付工程进度款,承包人应及时向发包人发出要求付款的通知,发包人收到承包人通知后仍不按要求付款时,可与承包人协商签订延期付款协议,经承包人同意后延期支付。协议应明确延期支付的时间和从付款申请生效后按同期银行贷款利率计算应付款的利息。

（2）发包人不按合同约定支付工程进度款，双方又未达成延期付款协议，导致施工无法进行时，承包人可停止施工，由发包人承担违约责任。

2.4.6　索赔与现场签证

1. 索赔

（1）索赔的条件。合同一方向另一方提出索赔，应有正当的索赔理由和有效证据，并应符合合同的相关约定。建设工程施工中的索赔是发、承包双方行使正当权利的行为，承包人可向发包人索赔，发包人也可向承包人索赔。

（2）承包人的索赔。

1）若承包人认为是由于非承包人的原因造成了承包人的经济损失，承包人应在确认引起索赔的事件发生后，按合同约定向发包人发出索赔通知，发包人应按合同约定的时间对承包人提出的索赔进行答复和确认。发包人在收到最终索赔报告后，在合同约定的时间内未向承包人做出答复，则视为该项索赔已经得到认可。

2）承包人索赔的程序。承包人索赔应按下列程序进行：

①承包人在合同约定的时间内向发包人递交费用索赔意向通知书。

②发包人指定专人收集与索赔有关的资料。

③承包人在合同约定的时间内向发包人递交费用索赔申请表。

④发包人指定专人初步审查费用索赔申请表，符合规定的条件时予以受理。

⑤发包人指定专人进行费用索赔核对，经造价工程师复核索赔金额后，与承包人协商确定并由发包人批准。

⑥发包人指定专人应在合同约定的时间内签署费用索赔审批表或发出要求承包人提交有关索赔的进一步详细资料的通知，待收到承包人提交的详细资料后，按规定的程序进行。

3）索赔事件发生后，在造成费用损失的同时，往往还会造成工期的变动。当索赔事件造成的费用损失与工期相关联时，承包人应根据发生的索赔事件，在向发包人提出费用索赔要求的同时，提出延长工期的要求。发包人在做出费用索赔的批准决定时，应结合工程延期的批准，综合做出费用索赔与工程延期的决定。

（3）发包人的索赔。若发包人认为是由于承包人的原因造成的额外损失，发包人应在确认引起索赔的事件发生后，按合同约定向承包人发出索赔通知。承包人在收到发包人索赔通知后，在合同约定的时间内未向发包人做出答复，则视为该项索赔已经得到认可。

当合同中未就发包人的索赔事项做具体约定时，应按下列规定处理：

1）发包人应在确认引起索赔的事件发生后 28 d 内向承包人发出索赔通知，否则承包人免除该索赔的全部责任。

2）承包人应在收到发包人索赔报告后的 28 d 内做出回应，表示同意或不同意并附具体意见，如在收到索赔报告后的 28 d 内未向发包人做出答复，则视为该项索赔报告已经得到认可。

2. 现场签证

（1）承包人应发包人要求，完成合同以外的零星工作或非承包人责任事件发生时，承包人应按合同约定及时向发包人提出现场签证。若合同中未对此做出具体约定，则应按照财政部、原建设部（现住建部）印发的《建设工程价款结算暂行办法》（财建〔2004〕369号）的规定，发包人要求承包人完成合同以外零星项目时，承包人应在接受发包人要求的 7 d 内就用工数量和单价、机械台班数量和单价、使用材料和金额等向发包人提出施工签证，发包人签证后再施工，如发包人未签证，承包人施工后发生争议的，其责任由承包人自负。

发包人应在收到承包人签证报告的 48 h 内给予确认或提出修改意见，否则视为该签证报告已经得到认可。

（2）发、承包人双方确认的索赔与现场签证费用应与工程进度款同期支付。

2.4.7　工程价款调整

1. 工程价款调整的原则

招标工程以投标截止到日前 28 d，非招标工程以合同签订前 28 d 为基准日，其后国家的法律、法规、规章和政策发生变化影响工程造价的，应按省级、行业建设主管部门或其授权的工程造价管理机构发布的规定调整合同价款。

2. 综合单价的调整

（1）若施工中出现施工图纸（含设计变更）与工程量清单项目特征描述不相符的，发、承包双方应按新的项目特征确定相应工程量清单的综合单价。

（2）工程量清单项目综合单价的确定方法。因分部分项工程量清单漏项或非承包人原因的工程变更，造成增加新的工程量清单项目，其对应的综合单价应按下列方法确定。

1）合同中已有适用的综合单价，按合同中已有的综合单价确定。

2）合同中有类似的综合单价，参照类似的综合单价确定。

3）合同中没有适用或类似的综合单价，由承包人提出综合单价，经发包人确认后执行。

（3）因非承包人原因引起的工程量增减，综合单价的调整原则。因非承包人原因引起的工程量增减，该项工程量变化在合同约定幅度以内的，应执行原有的综合单价；该项工程量变化在合同约定幅度以外的，其综合单价及措施费应予以调整。应在合同中约定如何进行调整，如合同中未做约定，应按以下原则进行调整。

1）当工程量清单项目工程量的变化幅度在 10% 以内时，其综合单价不做调整，执行原有综合单价。

2）当工程量清单项目工程量的变化幅度在 10% 以外，且影响分部分项工程费超过 0.1% 时，其综合单价及对应的措施费（如有）均应做调整。调整的方法是由承包人对增加的工程量或减少后剩余的工程量提出新的综合单价和措施项目费，经发包人确认后进行调整。

3. 措施费的调整

因分部分项工程量清单漏项或非承包人原因导致的工程变更，引起措施项目发生变化,造成施工组织设计或施工方案变更时,原措施费中已有的措施项目,按原有措施费的组价方法调整;原措施费中没有的措施项目,由承包人根据措施项目变更情况,提出适当的措施费变更,经发包人确认后调整。

4.工程价款的调整方法

(1)采用价格指数调整价格差额。

1)价格调整公式。因人工、材料和设备等价格波动影响合同价格时,应根据投标函附录中的价格指数和权重表约定的数据,按以下公式计算差额并调整合同价格:

$$\triangle P = P_0 \left[A + \left(B_1 \times \frac{F_{t1}}{F_{01}} + B_2 \times \frac{F_{t2}}{F_{02}} + B_3 \times \frac{F_{t3}}{F_{03}} \cdots \frac{F_{tn}}{F_{0n}} \right) - 1 \right]$$

式中　　$\triangle P$——需调整的价格差额;

P_0——约定的付款证书中承包人应得到的已完成工程量的金额;此项金额不包括价格调整、不计质量保证金的扣留和支付、预付款的支付和扣回;另外,约定的变更及其他金额已按现行价格计价的,也不计算在内;

A——定值权重(即不调部分的权重);

$B_1,B_2,B_3,\cdots,B_n$——各可调因子的变值权重(即可调部分的权重),指各可调因子在投标函投标总报价中所占的比例;

$F_{t1},F_{t2},F_{t3},\cdots,F_{tn}$——各可调因子的现行价格指数,指约定的付款证书相关周期最后一天的前42 d的各可调因子的价格指数;

$F_{01},F_{02},F_{03},\cdots,F_{0n}$——各可调因子的基本价格指数,指基准日期的各可调因子的价格指数。

以上价格调整公式中的各可调因子、定值和变值权重,以及基本价格指数及来源在投标函附录价格指数和权重表中进行约定。价格指数应首先采用有关部门提供的价格指数,如缺乏上述价格指数时,可采用有关部门提供的价格代替。

2)暂时确定调整差额。在计算调整差额时得不到现行价格指数的,可暂用上一次价格指数计算,在以后的付款中再按实际价格指数进行调整即可。

3)权重的调整。约定的变更导致原定合同中的权重不合理时,应由监理人与承包人和发包人协商后进行调整。

4)承包人工期延误后的价格调整。由于承包人的原因导致未在约定的工期内竣工的,则对原约定竣工日期后继续施工的工程,在使用第①条的价格调整公式时,应采用原约定竣工日期与实际竣工日期这两个价格指数中较低的一个作为现行价格指数。

(2)采用造价信息调整价格差额。施工期内,因人工、材料、设备和机械台班价格波动影响合同价格时,人工、机械使用费应按国家或省、自治区、直辖市建设行政管理部门、行业建设管理部门或其授权的工程造价管理机构发布的人工成本信息、机械台班单价或机械使用费系数进行调整;需要进行价格调整的材料,其单价和采购数应由监理人复核,监理人确认需调整的材料单价及数量,作为调整工程合同价格差额的依据。

5.工程价款调整的注意事项

(1)若施工期内市场价格波动超出一定幅度时,应按合同约定调整工程价款;合同没有约定或约定不明确的,可按下列规定执行。

1)人工单价发生变化时,发、承包双方应按省级或行业建设主管部门或其授权的工程造价管理机构发布的人工成本文件调整工程价款。

2)材料价格变化超过省级和行业建设主管部门或其授权的工程造价管理机构规定的幅度时应当调整,承包人应在采购材料前将采购数量和新的材料单价报发包人核对,确认用于本合同工程的,发包人应确认采购材料的数量和单价。发包人在收到承包人报送的确认资料后3个工作日不予答复的视为已经认可,作为调整工程价款的依据。如果承包人未报经发包人核对即自行采购材料,之后再报发包人确认调整工程价款的,如发包人不同意,则不做调整。

3)施工机械台班单价或施工机械使用费发生变化超过省级或行业建设主管部门或其授权的工程造价管理机构规定的范围时,应按其规定进行调整。

(2)因不可抗力事件导致的费用,发、承包双方应按下列原则分别承担并调整工程价款。

1)工程本身的损害、因工程损害导致第三方人员伤亡和财产损失及运至施工场地用于施工的材料和待安装的设备的损害,应由发包人承担。

2)发、承包双方人员伤亡应由其所在单位负责,并承担相应费用。

3)承包人的施工机械设备损坏及停工损失,应由承包人承担。

4)停工期间,承包人应发包人要求留在施工场地的必要的管理人员及保卫人员的费用,应由发包人承担。

5)工程所需清理、修复费用,应由发包人承担。

(3)工程价款调整报告应由受益方在合同约定的时间内向合同的另一方提出,经对方确认后调整合同价款。受益方未在合同约定的时间内提出工程价款调整报告的,视为不涉及合同价款的调整。

收到工程价款调整报告的一方应在合同约定的时间内确认或提出协商意见,否则视为工程价款调整报告已经得到确认。

当合同中未就工程价款调整报告做出约定或《建设工程工程量清单计价规范》(GB 50500—2008)中有关条款未做规定时,应按以下规定处理:

1)调整因素确定后14 d内,由受益方向对方递交调整工程价款报告。受益方在14 d内未递交调整工程价款报告的,视为不调整工程价款。

2)收到调整工程价款报告的一方,应在收到之日起14 d内予以确认或提出协商意见,如在14 d内未做确定也未提出协商意见的,视为调整工程价款报告已被确认。

(4)经发、承包双方确定调整的工程价款,应作为追加(减)合同价款与工程进度款同期支付。

2.4.8　竣工结算

1.竣工结算的办理原则

(1)工程完工后,发、承包双方应在合同约定的时间内办理工程竣工结算。

(2)工程竣工结算应由承包人或受其委托具有相应资质的工程造价咨询人编制,由发包人或受其委托具有相应资质的工程造价咨询人核对。

2. 办理竣工结算的依据

办理工程竣工结算时的依据包括以下几方面:

(1)《建设工程工程量清单计价规范》(GB 50500—2008)。

(2)施工合同。

(3)工程竣工图纸及资料。

(4)双方确认的工程量。

(5)双方确认追加(减)的工程价款。

(6)双方确认的索赔、现场签证事项及价款。

(7)投标文件。

(8)招标文件。

(9)其他依据。

3. 办理竣工结算的要求

(1)分部分项工程费的计价原则。

1)工程量应依据发、承包双方确认的工程量计算。

2)综合单价应依据合同约定的单价计算。如发生调整的,以发、承包双方确认调整的综合单价计算。

(2)措施项目费的计价原则。

1)措施项目费应依据合同约定的项目和金额计算,如合同中规定采用综合单价计价的措施项目,应依据发、承包双方确认的工程量和综合单价计算。

2)规定采用"项"计价的措施项目,应依据合同约定的措施项目和金额或发、承包双方确认调整后的措施项目费金额计算。

3)措施项目费中的安全文明施工费应按国家或省级、行业建设主管部门的规定计算。施工过程中,国家或省级、行业建设主管部门对安全文明施工费进行了调整的,措施项目费中的安全文明施工费应做相应调整。

(3)其他项目费的计价原则。

1)计日工的费用应按发包人实际签证确认的数量和合同约定的相应单价计算。

2)如暂估价中的材料是招标采购的,其单价按中标在综合单价中调整;如暂估价中的材料为非招标采购的,其单价按发、承包双方最终确认的单价在综合单价中调整;如暂估价中的专业工程是招标采购的,其金额按中标价计算;如暂估价中的专业工程为非招标采购的,其金额按发、承包双方与分包人最终确认的金额计算。

3)总承包服务费应依据合同约定的金额计算,若发、承包双方依据合同约定对总承包服务进行调整的,则应按调整后的金额计算。

4)索赔事件产生的费用在办理竣工结算时应在其他项目费中反映。索赔费用的金额应依据发、承包双方确认的索赔事项和金额计算。

5)现场签证发生的费用在办理竣工结算时也应在其他项目费中反映。现场签证费用的金额依据发、承包双方签证资料确认的金额计算。

6)合同价款中的暂列金额在用于各项价款调整、索赔与现场签证后,若有余额,则余额归发包人所有,若出现差额,则由发包人补足并反映在相应的工程价款中。

（4）规费和税金的计取原则。办理竣工结算时,规费和税金应按国家或省级、行业建设主管部门规定的计取标准计算。

4. 办理竣工结算的程序

（1）承包人应在合同约定的时间内编制完成竣工结算书,并在提交竣工验收报告的同时递交给发包人。承包人未在合同约定的时间内递交竣工结算书,经发包人催促后仍未提供或没有明确答复的,发包人可以根据已有资料办理结算。

对于承包人无正当理由在约定的时间内未递交竣工结算书,造成工程结算价款延期支付的,其责任由承包人承担。

（2）发包人在收到承包人递交的竣工结算书后,应按合同约定的时间进行核对。工程施工的发、承包活动作为期货交易行为,当工程竣工验收合格后,承包人将工程移交给发包人时,发、承包双方应将工程价款结算清楚,即竣工结算办理完毕。

同一工程竣工结算核对完成,发、承包双方签字确认后,禁止发包人又要求承包人与另一个或多个工程造价咨询人重复核对竣工结算。

（3）发包人或受其委托的工程造价咨询人收到承包人递交的竣工结算书后,在合同约定的时间内,不核对竣工结算或未提出核对意见的,视为承包人递交的竣工结算书已经得到认可,发包人应向承包人支付工程结算价款。

承包人在接到发包人提出的核对意见后,在合同约定的时间内,不确认也未提出异议的,视发包人提出的核对意见已经得到认可,则竣工结算办理完毕。发包人应按核对意见中的竣工结算金额向承包人支付结算价款。

承包人如未在规定时间内提供完整的工程竣工结算资料,经发包人催促后 14 d 内仍未提供或没有明确答复的,发包人有权根据已有资料进行审查,责任由承包人自负。

（4）发包人应对承包人递交的竣工结算书签收,拒不签收的,承包人可以不交付竣工工程。承包人未在合同约定时间内递交竣工结算书的,若发包人要求交付竣工工程,则承包人应当交付。

（5）竣工结算书是反映工程造价计价规定执行情况的最终文件。工程竣工结算办理完毕,发包人应将竣工结算书报送工程所在地工程造价管理机构备案,以此作为工程竣工验收备案、交付使用的必备文件。

（6）竣工结算办理完毕,发包人应根据确认的竣工结算书在合同约定的时间内向承包人支付工程竣工结算价款。

（7）工程竣工结算办理完毕后,发包人应按合同约定向承包人支付工程价款。发包人按合同约定应向承包人支付而未支付的工程款视为拖欠工程款。根据《最高人民法院关于审理建设工程施工合同纠纷案件适用法律问题的解释》（法释［2004］14 号）第十七条规定,当事人对欠付工程价款利息计付标准有约定的,按照约定处理;没有约定的,按照中国人民银行发布的同期同类贷款利率信息。发包人应向承包人支付拖欠工程款的利息,并承担违约责任。根据《中华人民共和国合同法》第二百八十六条规定,发包人未按照合同约定支付价款的,承包人可以催告发包人在合理期限内支付价款。发包人逾期不支付的,除按照建设工程的性质不宜折价、拍卖的以外,承包人可以与发包人协议将该工程折价,也可以申请人民法院将该工程依法拍卖。建设工程的价款就该工程折价或者拍卖的价款优先受偿。根据《建设工程工程量清单计价规范》(GB 50500—2008)规定,发包人未在合同约定时间内向承包人支付工程结算价款的,承包人可催告发包人支付结算价款。如达成延期支付协议的,发包人应按同期银行同类贷款利率支付拖欠工程价款的利息。如未达成延期支付协议,承包人可以与发包人协商将该工程折价,或申请人民法院将该工程依法拍卖。承包人就该工程折价或者拍卖的价款优先受偿。

所谓优先受偿,最高人民法院在《关于建设工程价款优先受偿权的批复》(法释〔2002〕16号)中规定如下。

1)人民法院在审理房地产纠纷案件和办理执行案件中,应当依照《中华人民共和国合同法》第二百八十六条的规定,认定建筑工程的承包人的优先受偿权优于抵押权和其他债权。

2)消费者交付购买商品房的全部或者大部分款项后,承包人就该商品房享有的工程价款优先受偿权不得对抗买受人。

3)建筑工程价款包括承包人为建设工程应当支付的工作人员报酬、材料款等实际支出的费用,不包括承包人因发包人违约所造成的损失。

4)建设工程承包人行使优先权的期限为6个月,自建设工程竣工之日或者建设工程合同约定的竣工之日起计算。

2.4.9　工程计价争议处理

(1)工程造价计价依据的解释机构。在工程计价中,对工程造价计价依据、办法及相关政策规定发生争议事项的,应由工程造价管理机构负责解释。工程造价管理机构是制定和管理工程造价计价依据、办法及相关政策的机构。对发包人、承包人或者工程造价咨询人在工程计价中,对计价依据、办法及相关政策规定发生的争议进行解释是工程造价管理机构的职责。

(2)在发包人对工程质量有异议的情况下,工程竣工结算的处理原则。发包人以对工程质量有异议为由,拒绝办理工程竣工结算的,已竣工验收或已竣工未验收但实际投入使用的工程,其质量争议应按该工程的保修合同执行,竣工结算按合同约定办理;已竣工未验收且未实际投入使用的工程及停工、停建工程的质量争议,应将双方有争议的部分委托有资质的检测鉴定机构进行检测,根据检测结果确定解决方案,或按工程质量监督机构的处理决定执行后,办理竣工结算,无争议部分的竣工结算按合同约定办理。

(3)工程造价合同纠纷的解决办法。

1)双方协商。

2)提请调解,由工程造价管理机构负责调解工程造价问题。

3)按合同约定向仲裁机构申请仲裁或向人民法院起诉。协议仲裁时,应遵守《中华人民共和国仲裁法》第四条规定,当事人采用仲裁方解决纠纷,应当双方自愿,达到仲裁协议。没有仲裁协议,一方申请仲裁的,仲裁委员会不予受理,但仲裁协议无效的除外。第六条规定,仲裁委员会应当由当事人协议选定。仲裁不实行级别管辖和地域管辖的规定。

（4）工程造价鉴定的机构。在合同纠纷案件处理中，需做工程造价鉴定的，应委托具有相应资质的工程造价咨询人进行。

2.5　工程量清单计价模式的费用构成

2.5.1　工程量清单计价模式的费用构成

工程量清单计价模式的费用构成包括：分部分项工程费、措施项目费、其他项目费以及规费和税金。

1. 分部分项工程费

分部分项工程费是指完成工程量清单列出的各分部分项清单工程量所需的费用，包括人工费、材料费、机械使用费、管理费、利润及风险费。

2. 措施项目费

措施项目费由"措施项目一览表"确定的工程措施项目金额的总和，包括人工费、材料费、机械使用费、管理费、利润及风险费。

3. 其他项目费

其他项目费是指预留金、材料购置费、总承包服务费、零星工作项目费的估算金额等的总和。

4. 规费

规费是指政府和有关部门规定必须缴纳的费用的总和。

5. 税金

税金是指国家税法规定的应计入建筑安装工程造价内的营业税、城市维护建设税以及教育费附加费用等的总和。

工程量清单计价应采用综合单价计价形式。

综合单价是指完成工程量清单中一个规定的计量单位项目所需要的人工费、材料费、机械使用费、管理费和利润，同时还要考虑风险因素。

综合单价计价包括完成规定计量单位、合格产品所需要的全部费用。考虑到我国的现实情况，综合单价包括除规费、税金之外的全部费用，它不仅适用于分部分项工程量清单，还适用于措施项目清单、其他项目清单等。这与现行定额工料单价计价形式不同，达到了简化计价程序的目的，实现了与国际接轨。

2.5.2　分部分项工程费的计算

分部分项工程费的组成包括：直接工程费、管理费和利润等项目，清单费用的计算方法如下：

1. 直接工程费的组成与计算

建筑安装工程直接工程费是指：在工程施工过程中直接耗费的构成工程实体及有助

于工程实体形成的各项费用,包括人工费、材料费和施工机械使用费。

直接工程费是构成工程量清单中"分部分项工程费"的主体费用,共有两种计算模式:利用现行的概预算定额计价模式、动态的计价模式的计价方法及在投标报价中的应用。

(1)人工费的组成与计算。人工费是指直接从事建筑安装工程施工的生产工人开支的各项费用,由以下几项组成:

1)生产工人的基本工资。

2)工资性补贴。

3)生产工人的辅助工资。

4)职工福利。

5)生产工人劳动保护费。

6)住房公积金。

7)劳动保险费、医疗保险费。

8)危险作业意外伤害保险。

9)工会费用。

10)职工教育经费。

人工费不包括管理人员(管理人员包括项目经理、工程师、施工队长、财会人员、预算人员、机械师、技术员等)、辅助服务人员(包括生活管理员、医务人员、翻译人员、小车司机和勤杂人员、炊事员等)、现场保安等的开支费用。

人工费的计算可根据工程量清单"彻底放开价格"及"企业自主报价"的特点,结合我国建筑市场的状况,以及各投标企业的投标策略,主要有以下两种计算模式:

1)利用现行的概、预算定额计价模式。利用现行的概、预算定额计价模式是根据工程量清单提供的清单工程量,利用现行的概、预算定额计算出完成各个分部分项工程量清单的人工费,并根据企业的实力和投标策略,对各个分部分项工程量清单的人工费进行调整,然后汇总计算出整个投标工程的人工费。其计算公式为

$$人工费 = \sum [\Delta(概预算定额中人工工日消耗量 \times 相应等级的日工资综合单价)]$$

这种方法是当前我国大多数投标企业所采用的人工费计算方法,优点是:简单、易操作、速度快,并有配套软件支持;缺点是竞争力弱,不能充分发挥出企业的特长。

2)动态的计价模式。动态的计价模式适用于实力雄厚、竞争力强的企业,现也是国际上比较流行的一种报价模式。它的计算方法是:首先,根据工程量清单提供的清单工程量,结合企业的人工效率和企业定额计算出投标工程消耗的工日数;其次,根据现阶段企业的经济、人力、资源状况及工程所在地的实际生活水平和工程的特点计算工日单价;再根据劳动力来源及人员比例计算综合工日单价;最后计算人工费。其计算公式为

$$人工费 = \sum (人工工日消耗量 \times 综合工日单价)$$

①人工工日消耗量的计算方法。工程用工量(人工工日消耗量)的计算应根据指标阶段和招标方式来确定。由于招标阶段不同,工程用工工日数的计算方法也不相同。目前国际承包工程项目计算用工的方法基本有分析法和指标法两种。

　　a. 分析法计算用工工日数。这种方法多用于施工图阶段,以及扩大的初步设计阶段的招标。招标人在这个阶段招标时,在招标文件中提出施工图或初步设计图纸和工程量清单作为投标人计算投标报价的依据。

　　分析法计算工程用工量,最准确的计算是依据投标人施工工人的实际操作水平加上对人工工效的分析来确定,俗称企业定额。但因我国大多数施工企业没有自己的"企业定额",其计价行为往往是以现行的国家或各行业颁布的概、预算定额为计价依据,故在利用分析法计算工程用工量时,应根据下列公式计算,即

$$DC = R \cdot K$$

式中　　DC——人工工日数;

　　　　R——用国内现行的概、预算定额计算出的人工工日数;

　　　　K——人工工日折算系数。

　　人工工日折算系数,是通过对企业施工工人的实际操作水平、技术装备及管理水平等因素进行综合评定,计算出的生产工人劳动生产率同概、预算定额水平的比率来确定,计算公式如下,即

$$K = V_q / V_0$$

式中　　K——人工工日折算系数;

　　　　V_q——完成某项工程本企业应消耗的工日数;

　　　　V_0——完成同项工程概、预算定额消耗的工日数。

　　有实力参与建设工程投标竞争的企业,它的劳动生产率水平要比社会平均劳动生产率高,即 K 的数值一般小于 1。所以,K 又称为"人工工日折减系数"。

　　在投标报价时,人工工日折减系数可分为土木建筑工程和安装工程来分别确定两个不同的"K 值";也可对安装工程按不同的专业分别计算多个"K 值"。投标人可根据自己企业的特点和招标书的具体要求灵活掌握。

　　b. 指标法计算用工日数。指标法计算用工日数,是指当工程招标处于可行性研究阶段时所采用的一种用工量的计算方法。这种方法是利用工业民用建设工程用工指标计算用工量。工业民用建设工程用工指标是该企业根据历年承包完成的工程项目,按工程性质、工程规模、建筑结构形式及其他经济技术参数等控制因素,运用科学的统计分析方法分析得到的用工指标。

　　② 综合工日单价的计算。综合工日单价可理解为从事建设工程施工生产工人的日工资水平。从企业支付的角度上来看,是一个从事建设工程施工的本企业生产工人的工资。

　　a. 综合工日单价构成应包括以下几个部分:

　　a) 本企业待业工人最低生活保障工资。这部分工资是企业从事施工生产和不从事施工生产(企业内待业或失业)的每个职工所必须具备的;其标准不应低于国家关于失业职工最低生活保障金的发放标准。

　　b) 由国家法律规定的、强制实施的各种工资性费用支出项目。包括职工福利费、生产工人劳动保护费、劳动保险费、医疗保险费、住房公积金等。

　　c) 投标单位驻地到工程所在地生产工人的往返差旅费。包括短、长途公共汽车费,火车费,旅馆费,路途及住宿补助费,市内交通及补助费。此项费用可以根据投标人所在

地到建设工程所在地的距离和路线调查确定。

　　d) 外埠施工补助费。由企业支付给外埠施工生产工人的施工补助费。

　　e) 夜餐补助费。指推行三班作业时,企业支付给夜间施工生产工人的夜间餐饮补助费。

　　f) 医疗费。对工人轻微伤病进行治疗的费用。

　　g) 法定节假日工资。法定节假日休息,如"五一"、"十一"支付的工资。

　　h) 法定休假日工资。法定休假日休息支付的工资。

　　i) 病假或轻伤不能工作时间的工资。

　　j) 因气候影响的停工工资。

　　k) 危险作业意外伤害保险费。按照建筑法的有关规定,为从事危险作业的建筑施工人员支付的意外伤害保险费。

　　l) 效益工资(奖金)。工人奖金应在超额完成任务的前提下发放,此项费用可在超额结余的资金款项中支付,根据当前我国发放奖金的具体状况,奖金费用应归入人工费。

　　m) 应包括在工资中未明确的其他项目。

　　其中:第 a)、b)、k) 项是由国家法律强制规定实施的,综合工日单价必须包含此三项,且不得低于国家规定标准;第 c) 项费用可以按管理费处理,不计入人工费中。

　　其余各项由投标人自主决定选用的标准。

　　b. 综合工日单价的计算过程可分为下列几个步骤:

　　a) 根据总施工工日数(即人工工日数)及工期(日)计算总施工人数。

　　工日数、工期(日)和施工人数存在着下列关系,即

$$总工日数=工程实际施工工期(日)×平均总施工人数$$

因此,当招标文件中已经确定了施工工期时

$$平均总施工人数=总工日数/工程实际施工工期(日)$$

当招标文件中未确定施工工期时,而由投标人自主确定工期时

$$最优化的施工人数或工期(日)=\sqrt{总工日数}$$

　　b) 确定各专业施工人员的数量及比重。其计算方法如下,即

$$某专业平均施工人数=某专业消耗的工日数/工程实际施工工期(日)$$

　　总工日和各专业消耗的工日数是通过"企业定额"计算出来的。总施工人数和各专业施工人数计算出来后,其比重也可计算出。

　　c) 确定各专业劳动力资源的来源及构成比例。劳动力资源的来源有下列三种途径:

　　来源于本企业:这部分劳动力是施工现场劳动力资源的骨干。投标人在投标报价时,应根据本企业现有可供调配使用生产工人的数量、技术水平、技术等级及拟承建工程的特点,确定各专业需派遣的工人人数和工种比例。

　　外聘技工:这部分人员主要是为了解决本企业短缺的具有特殊技术职能及能满足特殊要求的技术工人。由于这部分人的工资水平较高,所以人数不宜多。

　　当地劳务市场招聘的力工:由于当地劳务市场的力工工资水平比较低,故在满足工程施工要求的前提下,应提倡尽可能多地使用这部分劳动力。

　　上述三种劳动力资源的构成比例的确定,可根据企业现状、工程特点、对生产工人的要求、当地劳务市场的劳动力资源的充足程度、技能水平、工资水平综合评价后,进行合理

确定。

d）综合工日单价的确定。一个建设项目施工通常可分为土建、结构、设备、管道、电气、仪表、给水排水、采暖、通风空调、消防及防腐绝热等专业,各专业综合工日单价的计算可按下列公式计算,即

$$\text{某专业综合工日单价} = \sum(\text{本专业某种来源的人力资源人工单价} \times \text{构成比重})$$

综合工日单价的计算是将各专业综合工日单价按加权平均的方法计算出一个加权平均数作为综合工日单价,其计算公式如下,即

$$\text{综合工日单价} = \sum(\text{某专业综合工日单价} \times \text{权数})$$

其中权数的取定,应根据各专业工日消耗量占总工日数的比重取定。

如果投标单位使用各专业综合工日单价法投标,则不需要计算综合工日单价。

通过上述一系列的计算,可初步得出综合工日单价的水平,但得出的单价是否有竞争力,以此报价是否能成功中标,必须进行一系列的分析评估。

首先,对本企业以往投标的同类或类似工程的标书,按中标和未中标进行分类分析,分析人工单价的计算方法和价格水平及中标与未中标的原因,再从中找出某些规律。

其次,进行市场调查,弄清现阶段建筑安装施工企业的人均工资水平及劳务市场劳动力价格,特别是工程所在地的企业工资水平和劳动力价格,再进一步对其价格水平、工程施工期内的变动趋势及变动幅度进行分析预测。

再次,对潜在的竞争对手进行分析预测,分析可能采取的价格水平及造成的影响,包括对其自身和其他投标单位及招标人的影响。

最后,确定调整。通过以上分析,如果认为自己计算的价格过高,没有竞争力,可对价格进行调整。

在调整价格时应注意:外聘技工和市场劳务工的工资水平是通过市场调查得到的,这两部分价格不能调整,只可对来源于本企业工人的价格进行调整。调整后的价格作为投标报价价格。

此外,还应对报价中所使用的各种基础数据及计算资料进行整理存档,以备以后投标使用。

动态的计价模式人工费的另一种计算方法是:用国家工资标准(概、预算人工单价的调整额)作为计价的人工工日单价,乘以依据"企业定额"计算得到的工日消耗量计算人工费,其计算公式为

$$\text{人工费} = \sum(\text{概预算定额人工工日单价} \times \text{人工工日消耗量})$$

动态的计价模式能准确计算出本企业承揽拟建工程所需发生的人工费,对企业增强竞争力、提高企业管理水平及增收创利具有十分重要的意义。动态的计价模式同利用概预算定额报价相比,缺点是工作量相对较大、程序复杂,且企业需拥有自己的企业定额及各类信息数据库。

(2)材料费的计算。建筑安装工程直接费中的材料费,是指施工过程中耗用的构成工程实体的各类原材料、零配件、成品和半成品等主要材料的费用,与工程中耗费的虽然不构成工程实体,但有利于工程实体形成的各类消耗性材料费用的总和。

主要材料一般有:钢材、管材、线材、阀门、管件、电缆电线、螺栓、油漆、水泥、砂石等,其费用约占材料费的 85% ~95%。

消耗材料一般有:砂纸、纱布、锯条、砂轮片、氧气、水、电、乙炔气等,费用约占材料费的 5% ~15%。

以往人们习惯将概、预算定额中的"辅材费"称为消耗材料,而把单独计价的"主材"称为主要材料,这种叫法不准确,也不科学的。因为"辅材费"中的许多材料如:钢材、管材、管件、垫铁、螺栓、油漆、焊条等都是构成工程实体的材料,所以,这些材料都属于主要材料。因此,"辅材费"的准确称谓应是"定额计价材料费"。

在投标报价过程中,材料费的计算是一个很重要的问题。因为,对于建筑安装工程来说,材料费占了整个建筑安装工程费用的 60% ~70%。处理好材料费用对一个投标人在投标过程中能否取得主动,以至于最终能否一举中标都至关重要。

要做好材料费的计算,首先应了解材料费的计算方法。常用的材料费计算也有三种模式,即利用现行的概、预算定额计价模式,半动态的计价模式,全动态的计价模式。

为了在投标中取得优势地位,计算材料费时应把握以下几点:

1)合理确定材料的消耗量。

①主要材料消耗量。根据《建设工程工程量清单计价规范》(GB 50500—2008)的规定,招标人应在招标书中提供供投标人投标报价使用的"工程量清单"。在工程量清单中,若已经提供了一部分主要材料的名称、规格、型号、材质及数量,则这部分材料应按照使用量和消耗量之和进行计价。

对工程量清单中没有提供的主要材料的,投标人应根据工程的需要及以往承担工程的经验自主确定,包括材料的名称、规格、型号、材质及数量等,材料的数量应是使用量和消耗量之和。

②消耗材料消耗量。消耗材料的确定方法和主要材料消耗量的确定方法基本相同,投标人可根据需要,自主确定消耗材料的名称、规格、型号、材质和数量。

③部分周转性材料摊销量。在工程施工过程中,有一部分材料作为手段措施,没有构成工程实体,它的实物形态也没有改变,但价值却被分批逐步消耗掉了,这部分材料称为周转性材料。周转性材料被消耗掉的价值,应摊销在相应的清单项目材料费中(计入措施费的周转性材料除外)。摊销的比例应当根据材料的价值、磨损程度、可被利用的次数及投标策略等诸因素进行确定。

④低值易耗品。在施工过程中,一些使用年限在规定时间以下、单位价值在规定金额以内的工器具称为低值易耗品。这部分物品的计价方法是:概、预算定额中将其费用摊销在具体定额子目当中;在工程量清单"动态计价模式"中,可按概、预算定额的模式处理,也可把它放在其他费用中处理。

2)材料单价的确定。建筑安装工程材料价格是指材料运到现场材料仓库或堆放点后的出库价格。

材料价格涉及的因素很多,主要有以下几个方面:

①材料原价,即市场采购价格。材料市场价格的取得通常有两种途径:一是通过市场调查(询价);二是通过查询市场材料价格信息指导取得。对大批量或高价格的材料常采

用市场调查的方法取得价格;小量的、低价值的材料或消耗性材料等,可采用工程当地的市场价格信息指导中的价格。

市场调查应根据投标人所需材料的品种、规格、数量及质量要求了解市场材料对工程材料满足的程度。

②材料的供货方式和供货渠道有业主供货和承包商供货两种方式。由业主供货的材料,招标书中列有业主供货材料单价表,投标人在使用招标人提供的材料价格报价时,除考虑现场交货的材料运费外,还应考虑材料的保管费。承包商供货材料的渠道有当地供货、指定厂家供货、异地供货及国外供货几种。不同的供货方式和供货渠道对材料价格的影响也不相同的,主要反映在采购保管费、运输费、其他费用及风险等方面。

③包装费。材料包装费包括出厂时的一次包装和运输过程的二次包装费用,根据材料采用的包装方式计价。

④采购保管费用。采购保管费用是指为组织采购、供应和保管材料过程中所需的各项费用。采购的方式、批次、数量及材料保管的方式和天数不同,其费用也不同,采购保管费包括:采购费、仓储费、工地保管费、仓储损耗。

⑤运输费用。材料的运输费包括材料从采购地到施工现场全过程、全路途发生的装卸、运输费用的总和。运输费用包括:材料在运输装卸过程中不可避免的运输损耗费。

⑥材料的检验试验费用。材料的检验试验费用是指对建筑材料、构建及建筑安装物进行一般鉴定、检查发生的费用,包括自设实验室进行试验耗用的材料和化学药品等费用,不包括新结构、新材料的试验费、建设单位对具有出厂合格证明的材料进行检验以及对构件做破坏性试验和其他特殊要求检验试验的费用。

⑦其他费用。其他费用主要是指国外采购材料时发生的保险费、港口费、关税、港口手续费、财务费用等。

⑧风险,主要是指材料价格浮动。因工程所用材料不可能在工程开工初期一次性全部采购完毕,所以,随着时间的推移,市场变化造成材料价格的变动会给承包商造成的材料费风险。

根据影响材料价格的因素,可以得到材料单价的计算公式为

$$材料单价=材料原价+包装费+采购保管费用+运输费用+$$
$$材料的检验试验费用+其他费用+风险$$

材料的消耗量和材料单价确定后,材料费用便可根据下式计算,即

$$材料费 = \sum (材料消耗量 \times 材料单价)$$

(3)施工机械使用费的计算。施工机械使用费指的是使用施工机械作业所发生的机械使用费及机械安、拆和进出场费。施工机械不包括给管理人员配置小车以及用于通勤任务的车辆等不参加施工生产的机械设备的台班费。

施工机械使用费的计算公式为

$$施工机械使用费 = \sum (工程施工中消耗的施工机械台班量 \times 机械台班综合单价) +$$
$$施工机械进出场费及安拆费(不包括大型机械)$$

机械台班单价由以下七项费用组成:

1)折旧费。折旧费指施工机械在规定的使用年限内,陆续收回其原值和购置资金的时间价值。

2)大修费。大修费指施工机械按照规定的大修理间隔台班进行必要的大修理,以恢复正常功能所需的费用。

3)经常修理费。经常修理费指施工机械除大修理之外的各级保养和临时故障排除所需要的费用,包括为故障机械正常运转所需替换设备及随机配备工具、附具的摊销和维护费用、机械运转及日常保养所需的润滑与擦拭的材料费用、机械停止期间的维护和保养费用等。

4)安拆费及场外运输费。安拆费是指施工机械在现场进行安装和拆卸所需的人工、材料、机械、试运转费及机械辅助设施的折旧、搭设、拆除等费用。场外运输费是指施工机械整体或分体从停放地点运到施工现场或由一施工地点运到另一施工地点的运输、装卸、辅助材料及架线等费用。

5)机上人工费。机上人工费是指机上司机(司炉)和其他操作人员工作日的人工费及上述人员在施工机械规定的年工作台班外的人工费。

6)燃料动力费。燃料动力费是指施工机械在运转作业中所消耗的液体燃料(汽油、柴油)、固体燃料(煤、木炭)及水、电等的费用。

7)其他费用。其他费用是指施工机械按国家规定及有关部门规定应缴纳的养路费、车船使用税、保险费及年检费等。

施工机械使用费的高低及其合理性,不仅影响建筑安装的工程造价,还能从侧面反映企业劳动生产率水平的高低,其对投标单位竞争力的影响不可忽视,故在计算施工机械使用费时,一定要把握以下几点:

1)合理确定施工机械的种类和消耗量。要根据承包工程的地理位置、自然气候条件的具体情况及工程量、工期等因素编制施工组织设计和施工方案,再根据施工组织设计、施工方案、机械利用率、概预算定额或企业定额及其相关文件等,确定施工机械的种类、型号、规格和消耗量。

首先,应根据工程量,利用概预算定额或企业定额,粗略计算出施工机械的种类、型号、规格及消耗量;然后根据施工方案及其他有关资料对机械设备的种类、型号和规格进行筛选,确定本工程需配备的施工机械的具体明细项目;再根据企业的机械利用率指标,确定本工程中实际需要消耗的机械台班数量。

2)确定施工机械台班综合单价。

①确定施工机械台班单价。在施工机械台班单价费用组成中:

a.养路费、车船使用税、保险费及年检费是按国家或有关部门的规定进行缴纳的,这部分费用是个定值。

b.燃料动力费是机械台班动力消耗与动力单价的乘积,也是个定值。

c.机上人工费的处理方法有两种:第一种是将机上人工费计入工程直接工费中;第二种是计入相应施工机械的机械台班综合单价中。

d.安拆费及场外运输费的计算。施工机械的安装、拆除和场外运输可编制专门的方案。根据方案计算费用进一步地优化方案,优化后的方案也可以作为施工方案的组成部分。

e. 折旧费和维修费的计算。折旧费和维修费（包括大修理费和经常修理费）会随着时间的变化而变化。一台施工机械如果折旧年限短，则折旧费用高、维修费用低；如果折旧年限长，则折旧费用低、维修费用高。

故选择施工机械最经济使用年限作为折旧年限是降低机械台班单价、提高机械使用效率最有效、最直接的方法。确定折旧年限之后，再确定折旧方法，最后计算台班折旧额和台班维修费。

组成施工机械台班单价的各项费用额确定后，机械台班的单价也就确定了。

②确定租赁机械台班费。租赁机械台班费指根据施工需要，向其他企业或租赁公司租用施工机械所发生的台班租赁费。

在投标工作的前期应进行市场调查，调查的内容包括：租赁市场可供选择的施工机械的种类、规格、型号、完好性、数量、价格水平及租赁单位信誉度等，通过比较选择拟租赁的施工机械的种类、规格、数量和单位，并以施工机械台班租赁价格作为机械台班单价。除必须租赁的施工机械之外，其他租赁机械的台班租赁费应低于本企业的机械台班单价。

③优化平衡、确定机械台班综合单价。通过综合分析确定各类施工机械的来源及比例，计算机械台班综合单价，其计算公式为

$$机械台班综合单价 = \sum（不同来源的同类机械台班单价 \times 权数）$$

权数是根据各种不同来源渠道的机械占同类施工机械总量的比重取定的。

3）大型机械设备使用费、进出场费及安拆费。在传统概、预算定额中，施工机械使用费不包括大型机械设备使用费、进出场费和安拆费，其费用常作为措施费用单独计算。

在工程量清单计价模式下，此项费用的处理方式和概、预算定额的处理方式不一样。大型机械设备的使用费作为机械台班使用费，按相应的分项工程项目分摊计入直接工程费的施工机械使用费中。大型机械设备进出场费和安拆费作为措施费用计入措施费用项目中。

2. 管理费的组成及计算

管理费是指组织施工生产和经营管理所需的费用，内容包括以下几点：

（1）工作人员的工资。工作人员指管理人员和辅助服务人员。工作人员的工资包括：基本工资、工资性补贴、职工福利费、劳动保护费、劳动保险费、住房公积金、危险作业意外伤害保险费、工会费用、职工教育经费等。

（2）办公费。办公费是指企业办公用的文具、纸张、印刷、账表、邮电、书报、会议，以及取暖等费用。

（3）差旅交通费。差旅交通费是指企业管理人员因公出差及调动工作的差旅费、住勤补助费、市内交通费和误餐补助费、探亲路费、劳动力招募费、工地转移费、离退休职工一次性路费、工伤人员就医路费，以及管理部门使用的交通工具的油料燃料费和养路费及牌照费。

（4）固定资产使用费。固定资产使用费指管理和试验部门及附属生产单位使用的，属于固定资产的房屋、设备仪器的折旧、大修理、维修或租赁费。

（5）工具用具使用费。指工具用具使用费管理使用的不属于固定资产的生产工器

具、家具、交通工具及检验、试验、测绘、消防用具等的购置、维修和摊销费。

（6）保险费。保险费是指施工管理用财产、车辆保险费。

（7）税金。税金是指企业按规定缴纳的房产税、土地使用税、车船使用税、印花税等。

（8）财务费用。财务费用是指企业为筹集资金而发生的各项费用，包括企业经营期内发生的短期贷款利息支出、调剂外汇手续费、汇兑净损失、金融机构手续费及企业筹集资金而发生的其他财务费用。

（9）其他费用。其他费用包括技术开发费、技术转让费、业务招待费、广告费、绿化费、公证费、法律顾问费、审计费、咨询费等。

现场管理费的高低在很大程度上取决于管理人员的数量。管理人员的数量，不仅反映管理水平的高低，影响到管理费，而且还会影响临设费用和调遣费用。

由管理费开支的工作人员包括：管理人员、辅助服务人员和现场保安人员。

管理人员一般包括项目经理、工程师、技术员、施工队长、财会人员、预算人员、机械师等。

辅助服务人员一般包括生活管理员、医务员、翻译员、炊事员、小车司机和勤杂人员等。

为有效地控制管理费开支、降低管理费标准、增强企业的竞争力、在投标初期就应当严格控制管理人员和辅助服务人员的数量，同时还要合理确定其他管理费开支项目的水平。

管理费的计算主要有两种方法

（1）公式计算法。利用公式计算管理费的方法十分简便，也是投标人最常采用的一种计算方法。其计算公式为

$$管理费 = 计算基数 \times 施工管理费率（\%）$$

其中，管理费率的计算因计算基数不同，分为三种：

1）以直接工程费为计算基础，即

$$管理费率（\%） = \frac{生产工人年平均管理费}{年有效施工天数 \times 人工单价} \times 人工费占直接工程费比例（\%）$$

或其等效式为

$$管理费率（\%） = \frac{生产工人年平均管理费}{建安生产工人年均直接费} \times 100\%$$

2）以人工费为计算基础，即

$$管理费率（\%） = \frac{生产工人年平均管理费}{年有效施工天数 \times 人工单价} \times 100\%$$

或其等效式为

$$管理费率（\%） = \frac{生产工人年平均管理费}{建安生产工人年均直接费 \times 人工费占直接工程费比例（\%）} \times 100\%$$

3）以人工费和机械费合计为计算基础，即

$$管理费率（\%） = \frac{生产工人年平均管理费}{年有效施工天数 \times （人工单价 + 每一工日机械使用费）} \times 100\%$$

以上测定公式中的基本数据应通过以下途径来合理取定：

①分子与分母的计算口径应一致，即分子的生产工人年平均管理费是指每个建安生产工人年平均管理费，分母中有效工作天数和建安生产工人年均直接费也应当是指以每

个建安生产工人的有效工作天数和每个建安生产工人年均直接费。

②生产工人年平均管理费的确定,应当按照工程管理费的划分,根据企业近年有代表性的工程会计报表的管理费的实际支出,剔除不合理开支,分别进行综合平均核定全员年均管理费开支额,再分别除以生产工人占职工平均人数的百分比,即得到每一生产工人年均管理费开支额。

③生产工人占职工平均人数百分比的确定,按照计算基础和项目特征充分考虑改进企业经营管理,减少非生产人员的措施进行确定。

④有效施工天数的确定,必要时可以按照不同工程、不同地区适当区别对待。理论上,有效施工天数等于工期。

⑤人工单价,是指生产工人的综合工日单价。

⑥人工费占直接工程费的百分比应按专业划分,不同建筑安装工程人工费的比重不同,应按加权平均计算核定。

另外,利用公式计算管理费时,管理费率可按照国家或有关部门,以及工程所在地政府规定的管理费率进行调整确定。

(2)费用分析法。用费用分析法计算管理费,即根据管理费的构成,结合具体的工程项目确定各项费用的发生额,计算公式为

管理费=管理人员及辅助服务人员的工资+办公费+差旅交通费+固定资产使用费+

工具用具使用费+保险费+税金+财务费用+其他费用

在计算管理费前,应确定以下基础数据,这些数据都是通过计算直接工程费、编制施工组织设计和施工方案取得的,数据包括:生产工人的平均人数;施工高峰期生产工人人数;管理人员及辅助服务人员总数;施工现场平均职工人数;施工高峰期施工现场职工人数;施工工期。

其中,管理人员及辅助服务人员总数的确定应根据工程规模、生产工人人数、工程特点、施工机具的配置和数量及企业的管理水平进行确定。

1)管理人员及辅助服务人员的工资。其计算公式为

管理人员及辅助服务人员的工资=管理人员及辅助服务人员数×

综合人工工日单价×工期(日)

其中,综合人工工日单价可以采用直接费中生产工人的综合工日单价,也可以参照其计算方法另行确定。

2)办公费。按照每名管理人员每月办公费消耗标准乘以管理人员数量,再乘以施工工期(月)。管理人员每月办公费消耗标准可从以往完成的施工项目的财务报表中分析取得。

3)差旅交通费。

①因公出差、市内交通费和误餐补助费、调动工作的差旅费和住勤补助费、探亲路费、劳动力招募费、工伤人员就医路费、离退休职工一次性路费、工地转移费的计算可按"办公费"的计算方法进行确定。

②管理部门使用的交通工具的油料燃料费和养路费及牌照费,即

油料燃料费=机械台班动力消耗×动力单价×工期(天)×综合利用率(%)

养路费及牌照费按当地政府规定的月收费标准乘以施工工期(月)。

4)固定资产使用费。根据固定资产的来源、性质、资产原值、新旧程度以及工程结束后的处理方式确定固定资产使用费。

5)工具用具使用费。其计算公式为

工具用具使用费=年人均使用额×施工现场平均人数×工期(年)

工具用具年人均使用额可从以往完成的施工项目的财务报表中分析取得。

6)保险费。通过保险咨询确定施工期间要投保的施工管理用的财产和车辆应缴纳的保险费用。

7)税金。指企业按照规定缴纳的房产税、土地使用税、车船使用税、印花税等。税金的计算可根据国家规定的有关税种和税率逐项计算,也可根据以往工程的财务数据推算取得。

8)财务费用。指企业为筹集资金而发生的各种费用,包括企业经营期内发生的短期贷款利息支出、调剂外汇手续费、汇兑净损失、金融机构手续费,以及企业筹集资金而发生的其他财务费用。

财务费计算按下列公式执行,即

财务费=计算基数×财务费费率(%)

财务费费率依据下列公式计算:

①以直接工程费为计算基础,即

$$财务费费率(\%)=\frac{年均存贷款利息净支出+年均其他财务费用}{全年产值×直接工程费占总造价比例(\%)}$$

②以人工费为计算基础,即

$$财务费费率(\%)=\frac{年均存贷款利息净支出+年均其他财务费用}{全年产值×人工费占总造价比例(\%)}$$

③以人工费和机械费合计为计算基础,即

$$财务费费率(\%)=\frac{年均存贷款利息净支出+年均其他财务费用}{全年产值×人工费和机械费之和占总造价比例(\%)}$$

另外,财务费用还可从以往的财务报表及工程资料中,通过分析平衡估算得到。

9)其他费用:可根据以往工程的经验估算。

管理费对不同的工程或不同的施工单位是不一样的,这样使得不同的投标单位具有不同的竞争实力。

3. 利润的组成及计算

利润是指施工企业完成所承包工程应收回的酬金。从理论上说,企业全部劳动成员的劳动,除因支付劳动力按劳动力价格所得的报酬外,还创造了一部分新增的价值,这部分价值凝固在工程产品中,这部分价值的价格形态就是企业的利润。

在工程量清单计价模式下,利润是被分别计入分部分项工程费、措施项目费和其他项目费当中,而不是单独体现的。具体计算方法可以"人工费"或"人工费加机械费"或"直接费"为基础乘以利润率,其计算公式为

利润=计算基础×利润率(%)

利润是企业最终的追求目标,企业的一切生产经营活动都是围绕创造利润进行的。利润是企业扩大再生产、增添机械设备的基础,同时还是企业实行经济核算、使企业成为独立经营、自负盈亏的市场竞争主体的前提和保证。

因此,合理确定利润水平(利润率)对企业的生存和发展至关重要。在投标报价时,应根据企业的实力、投标策略,以发展的眼光确定各种费用水平(包括利润水平),使本企业的投标报价既具有竞争力,又能保证各方面利益的实现。

2.5.3　措施费用的组成及计算

措施费用是指工程量清单中,除工程量清单项目费用之外,为了保证工程顺利进行,按国家现行有关建设工程施工及验收规范、规程的要求,必须配套完成的工程内容所需的费用。

1. 实体措施费的计算

实体措施费是指工程量清单中,为保证某类工程实体项目的顺利进行,按国家现行有关建设工程施工及验收规范、规程的要求,必须配套完成的工程内容所需的费用。

实体措施费计算方法有以下两种:

(1)系数计算法。系数计算法是用和措施项目有直接关系的工程项目直接工程费(或人工费,人工费与机械费之和)合计作为计算基数,乘以实体措施费用系数。

实体措施费用系数是根据以往有代表性工程的资料,通过分析计算后取得。

(2)方案分析法。方案分析法是通过编制具体措施实施方案,对方案所涉及的各种经济技术参数进行计算后,确定实体措施费用。

2. 配套措施费的计算

配套措施费不是为某类实体项目,而是为了保证整个工程项目顺利进行,按国家现行有关建设工程施工及验收规范、规程的要求,必须配套完成的工程内容所需的费用。

配套措施费计算方法也包括以下两种:

(1)系数计算法。系数计算法是利用整体工程项目直接工程费(或人工费,或人工费与机械费之和)合计为计算基数,乘以配套措施费用系数。

配套措施费用系数是根据以往有代表性工程的资料,通过分析计算后取得。

(2)方案分析法。方案分析法是通过编制具体措施实施方案,对方案所涉及的各种经济技术参数进行计算后,确定配套措施费用。

2.5.4　其他项目费用的构成及计算

其他项目费指预留金、材料购置费(指由招标人购置的材料费)、零星工作项目费、总承包服务费等估算金额的总和,包括人工费、材料费、机械使用费、管理费、利润及风险费。

其他项目清单内容由招标人部分与投标人部分组成。

1. 招标人部分

(1)预留金。主要考虑可能发生的工程量变化及费用增加而预留的金额。引起工程量变化和费用增加的原因有很多,主要有以下几方面:

1)清单编制人员在统计工程量及变更工程量清单时发生的漏算、错算等引起的工程量增加。

2)设计深度不够、设计质量低造成的设计变更引起的工程量增加。

3)在现场施工过程中,应业主要求,由设计或监理工程师出具的工程变更增加的工程量。

4)其他原因引起的,且应由业主承担的费用增加,如风险费用和索赔费用。

预留金由清单编制人员根据业主意图和拟建工程实况计算出的金额填制表格。其计算应根据设计文件的深度、设计质量的高低、拟建工程的成熟程度及工程风险的性质来确定其额度。设计深度深、设计质量高、已经成熟的工程设计一般预留工程总造价的 3% ~ 5% 便可。在初步设计阶段或工程设计不成熟的,最少要预留工程总造价的 10% ~15%。

预留金作为工程造价费用的组成部分应计入工程造价,但预留金的支付与否、支付额度和用途,都必须通过(监理)工程师的批准。

(2)材料购置费。是指业主出于特殊目的或要求对工程消耗的某类或某几类材料在招标文件中规定,由招标人采购的拟建工程材料费。

(3)其他,指招标人部分可增加的新列项。例如,指定分包工程费,因某分项工程或单位工程专业性较强,必须由专业队伍施工而增加的费用,费用金额应通过向专业队伍询价(或招标)取得。

2. 投标人部分

计价规范中列举了总承包服务费、零星工作项目费两项内容。若招标文件对承包商的工作范围还有其他要求,也应对其要求列项。

投标人部分的清单内容设置,除总承包服务费仅需简单列项之外,其余内容应量化的必须量化描述。若设备厂外运输需标明设备的台数、每台的规格重量、运距等。零星工作项目表也要标明各类人工、材料、机械的消耗量。

零星工作项目中的工料机计量,应根据工程的复杂程度、工程设计质量的优劣及工程项目设计的成熟程度等因素来确定其数量。一般工程常以人工计量为基础,按人工消耗总量的 1% 取值便可。材料消耗主要是辅助材料消耗,按不同专业工人消耗材料类别分别列项,按工人日消耗量计入。机械列项和计量,除考虑人工因素之外,还需参考各单位工程机械消耗的种类,可按机械消耗总量的 1% 取值。

2.5.5 规费

规费是指根据省级政府或省级有关权力部门规定必须缴纳的,要计入建筑安装工程造价的费用。

根据原建设部、财政部"关于印发《建筑安装工程费用项目组成》的通知"(建标[2003]206 号)的规定,规费包括工程排污费、工程定额测定费、社会保障费(养老保险、失业保险、医疗保险)、住防公积金及危险作业意外伤害保险。清单编制人对《建筑安装工程费用项目组成》未包括的规费项目,在编制规费项目清单时,应根据省级政府或省级有关权力部分的规定列项。

规费项目清单中应按下列内容列项:

（1）工程排污费。

（2）工程定额测定费。

（3）社会保障费包括养老保险费、失业保险费、医疗保险费。

（4）住房公积金。

（5）危险作业意外伤害保险。

2.5.6　税金

根据原建设部、财政部"关于印发《建筑安装工程费用项目组成》的通知"（建标〔2003〕206 号）的规定，目前我国税法规定应计入建筑安装工程造价的税种包括：营业税、城市建设维护税及教育费附加。若国家税法发生变化，税务部门依据职权增加了税种，则应对税金项目清单进行补充。

税金项目清单应按下列内容列项：

（1）营业税。

（2）城市维护建设税。

（3）教育费附加。

2.6　工程量清单计价流程

工程量清单计价是多方参与共同完成的，工程量清单计价流程可以分为以下两个阶段。

2.6.1　工程量清单阶段

由招标单位在统一的工程量计算规则的基础上制定工程量清单项目，并根据具体工程的施工图纸统一计算出各个清单项目的工程量。具体流程如下。

1. 计算工程量

（1）园林绿化工程工程量的计算原则。园林绿化工程工程量计算应遵循以下几方面原则。

1）计算口径要一致，避免重复和遗漏。计算工程量时，应根据施工图列出分项工程的口径（即分项工程包括的工作内容和范围），必须与预算定额中分项工程的口径（结合层）相对应。相反，分项工程中设计应有的工作内容，而相应预算定额中没有包括时，应另列项目计算。

2）工程量计算规则要一致，避免错算。工程量计算必须与预算定额中规定的工程量计算规则或工程量计算方法相一致，以保证计算结果的准确性。

3）计量单位要一致。各分项工程量的计量单位，必须与预算定额中相应项目的计量单位相一致。

4）按顺序进行计算。计算工程量时要按照一定的顺序（自定）逐一进行计算，避免重算和漏算。

5）计算精度要统一。为了方便计算，工程量的计算结果统一要求为除钢材（以"t"为单位)、木材(以"m^3"为单位)取三位小数外,其余项目一般取两位小数,以下四舍五入。

(2)工程量计算的方法。工程量通常采用按施工先后顺序、按定额项目的顺序或用统筹法进行计算。

1)按施工先后顺序计算。是指按工程施工顺序的先后来计算工程量。计算的顺序为先地下后地上,先底层后上层,先主要后次要。大型、复杂工程应先划分区域,编成区号,分区计算。

2)按定额项目的顺序计算。是指按定额所列分部分项工程的顺序来计算工程量。计算时按照施工图设计内容,由前到后,逐项对照定额进行。采用这种方法计算工程量时,要求熟悉施工图纸,具有较多的工程设计基础知识,并且要注意施工图中有的项目可能套不上定额项目,应单独列项,以编制补充定额,切记不可因定额缺项而漏项。

3)用统筹法计算工程量。是指根据各分项工程量之间的固有规律和相互之间的依赖关系,运用统筹原理和统筹图来合理安排工程量的计算顺序,并按其计算工程量。用统筹法计算工程量的基本要点可以概括为统筹程序、合理安排;利用基数、连续计算;一次计算、多次使用;结合实际、灵活机动。

(3)工程量计算的步骤。

1)列出分项工程项目名称。根据施工图纸,并结合施工方案的有关内容,按一定的计算顺序,逐一列出单位工程施工图预算的分项工程项目名称。所列的分项工程项目名称必须要与预算定额中的相应项目名称相一致。

2)列出工程量计算公式。列出分项工程项目名称后,根据施工图纸所示的部位、尺寸和数量,按工程量计算规则,分别列出工程量计算公式。

3)调整计量单位。通常计算的工程量都是以"m"、"m^2"、"m^3"等为单位,但预算定额中往往以"10 m"、"10 m^2"、"10 m^3"、"100 m^2"、"100 m^3"等为计量单位,因此还须将计算的工程量单位按预算定额中相应项目规定的计量单位进行调整,使计量单位保持一致,便于以后的计算。

4)套用预算定额进行计算。各项工程量计算完毕经校核后,即可编制单位工程施工图预算书。

2. 编制工程量清单

(1)编制工程量清单总说明。

(2)编制分部分项工程量清单。

(3)编制措施项目清单。

(4)编制其他项目清单。

(5)编制暂列金额明细表。

(6)编制材料暂估单价表。

(7)编制专业工程暂估单价表。

(8)编制计日工表。

(9)编制总承包服务费表。

(10)编制规费税金项目清单与计价表。

(11)编制补充工程量清单项目及计算规则。

（12）上清单工程量封面装订。

2.6.2　工程量清单报价阶段

由投标单位根据各种渠道所获得的工程造价信息和经验数据依据工程量清单计算得到工程造价。具体流程如下。

（1）计算分项工程综合单价。

（2）填报综合单价并汇总。

（3）计算措施项目综合单价。

（4）填报措施项目费并汇总。

（5）计算计日工综合单价并汇总。

（6）填报其他项目费并汇总。

（7）填报规费税金项目清单与计价表。

（8）上工程量清单报价封面装订。

2.7　园林工程分部分项工程划分

园林工程共分为三个分部工程，即绿化工程，园路、园桥、假山工程和园林景观工程。其中，每个分部工程又分为若干个子分部工程；每个子分部工程中又分为若干个分项工程；并且每个分项工程都有一个项目编码。

园林工程的分部工程名称、子分部工程名称和分项工程名称见表2.10，在分项工程工程量计算中应列出分项工程的项目编码。

表 2.10　园林工程分部分项工程名称

分部工程	子分部工程	分项工程
绿化工程	绿地整理	伐树、挖树根；砍挖灌木丛；挖竹根；挖芦苇根；清除草皮；整理绿化用地；屋顶花园基底处理
	栽植花木	栽植乔木；栽植竹类；栽植棕榈类；栽植灌木；栽植绿篱；栽植攀缘植物；栽植色带；栽植花卉；栽植水生植物；铺种草皮；喷播植草
	绿地喷灌	喷灌设施
园路、园桥、假山工程	园路桥工程	园路；路牙铺设；树池围牙、盖板；嵌草砖铺装；石桥基础；石桥墩、石桥台；拱旋石制作、安装；石旋脸制作、安装；金刚墙砌筑；石桥面铺筑；石桥面檐板；仰天石、地伏石；石望柱；栏杆、扶手；栏板、撑鼓；木质步桥
	堆塑假山	堆筑土山丘；堆砌石假山；塑假山；石笋；点风景石；池石、盆景山；山石护角；山坡石台阶
	驳岸	石砌驳岸；原木桩驳岸；散铺砂卵石护岸（自然护岸）

续表 2.10

分部工程	子分部工程	分项工程
园林景观工程	原木、竹构件	原木(带树皮)柱、梁、檩、椽,原木(带树皮)墙;树枝吊挂楣子;竹柱、梁、檩、椽;竹编墙;竹吊挂楣子
	亭廊屋面	草屋面;竹屋面;树皮屋面;现浇混凝土斜屋面板;现浇混凝土攒尖亭屋面板;就位预制混凝土攒尖亭屋面板;就位预制混凝土穹顶;彩色压型钢板(夹心板)攒尖亭屋面板;彩色压型钢板(夹心板)穹顶
	花架	现浇混凝土花架柱、梁;预制混凝土花架柱、梁;木花架柱、梁;金属花架柱、梁
	园林桌椅	木制飞来椅;钢筋混凝土飞来椅;竹制飞来椅;现浇混凝土桌凳;预制混凝土桌凳;石桌石凳;塑树根桌凳;塑树节椅;塑料、铁艺、金属椅
	喷泉安装	喷泉管道;喷泉电缆;水下艺术装饰灯具;电气控制柜
	杂项	石灯;塑仿石音响;塑树皮梁、柱;塑竹梁、柱;花坛铁艺栏杆;标志牌;石浮雕、石镌字;砖石砌小摆设(砌筑果皮箱、放置盆景的需弥座等)

第3章 绿化工程识图与工程量清单计价

3.1 园林绿化工程识图

3.1.1 园林绿化工程常用识图图例

1. 园林绿地规划设计图例

园林绿地规划设计图例见表3.1。

表 3.1 园林绿地规划设计图例

序号	名 称	图 例	说 明
建 筑			
1	规划的建筑物		用粗实线表示
2	原有的建筑物		用细实线表示
3	规划扩建的预留地或建筑物		用中虚线表示
4	拆除的建筑物		用细实线表示
5	地下建筑物		用粗虚线表示
6	坡屋顶建筑		包括瓦顶、石片顶、饰面砖顶等
7	草顶建筑或简易建筑		—
8	温室建筑		—
水 体			
9	自然形水体		—
10	规则形水体		—

续表 3.1

序号	名　称	图　例	说　明
		水　体	
11	跌水、瀑布		—
12	旱涧		—
13	溪涧		—
		工程设施	
14	护坡	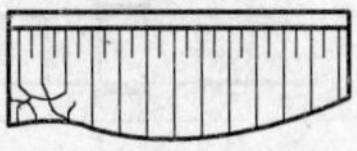	—
15	挡土墙	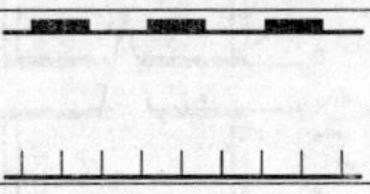	突出的一侧表示被挡土的一方
16	排水明沟	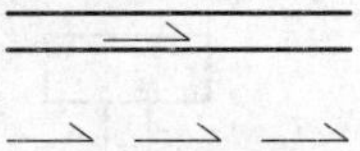	上图用于比例较大的图面 下图用于比例较小的图面
17	有盖的排水沟	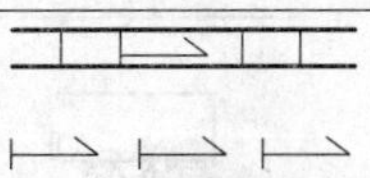	上图用于比例较大的图面 下图用于比例较小的图面
18	雨水井		—
19	消火栓井		—
20	喷灌点		—
21	道路		—
22	铺装路面		—
23	台阶	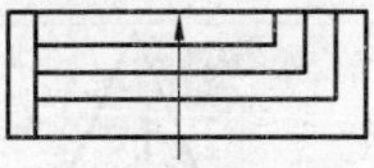	箭头指向表示向上
24	铺砌场地	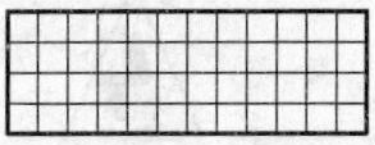	也可依据设计形态表示
25	车行桥	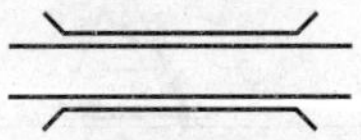	也可依据设计形态表示
26	人行桥	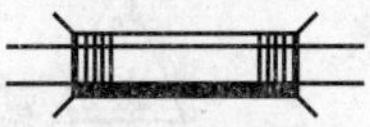	

续表 3.1

序号	名　称	图　例	说　明
		工程设施	
27	亭桥	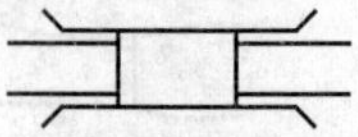	—
28	铁索桥	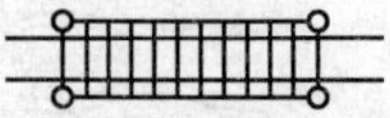	—
29	汀步	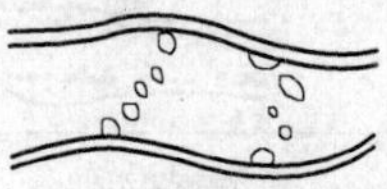	—
30	涵洞	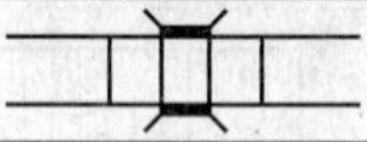	—
31	水闸	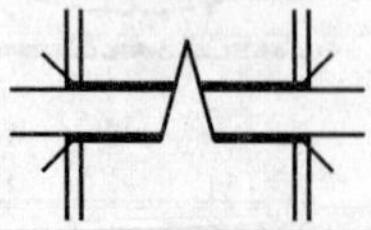	—
32	码头	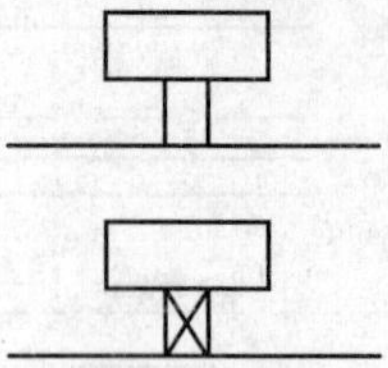	上图为固定码头 下图为浮动码头
33	驳岸	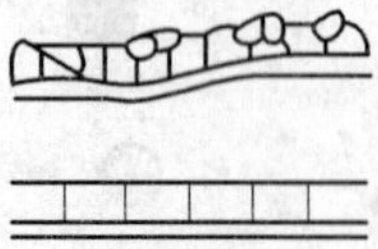	上图为假山石自然式驳岸 下图为整形砌筑规划式驳岸

2. 城市绿地系统规划图例

城市绿地系统规划图例见表 3.2。

表 3.2　城市绿地系统规划图例

序号	名　称	图　例	说　明
		工程设施	
1	电视差转台	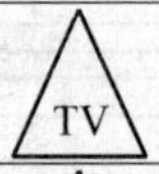 TV	—
2	发电站		—
3	变电所		—
4	给水厂		—

续表 3.2

序号	名　称	图　例	说　明
5	污水处理厂		—
6	垃圾处理站		—
7	公路、汽车游览路		上图以双线表示,用中实线 下图以单线表示,用粗实线
8	小路、步行游览路		上图以双线表示,用细实线 下图以单线表示,用中实线
9	山地步游小路	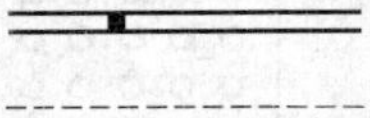	上图以双线加台阶表示,用细实线;下图以单线表示,用虚线
10	隧道	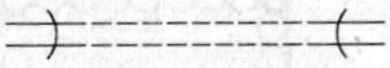	—
11	架空索道线		—
12	斜坡缆车线		—
13	高架轻轨线	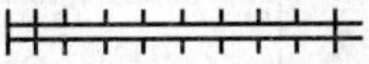	—
14	水上游览线		细虚线
15	架空电力电信线	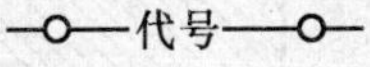 —○—代号—○—	粗实线中插入管线代号,管线代号按现行国家有关标准的规定标注
16	管线	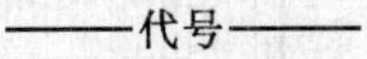 ———代号———	—
用地类型			
17	村镇建设地	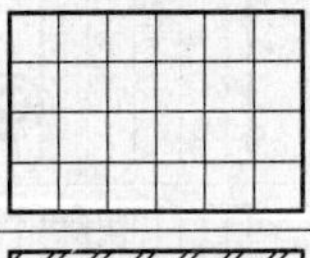	—
18	风景游览地	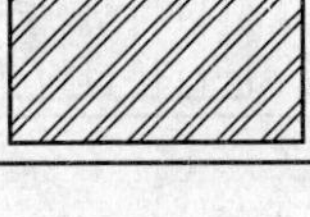	图中斜线与水平线成45°角

续表 3.2

序号	名　　称	图　　例	说　　明
19	旅游度假地		—
20	服务设施地		—
21	市政设施地		—
22	农业用地		—
23	游憩、观赏绿地		—
24	防护绿地		—
25	文物保护地		包括地面和地下两大类,地下文物保护地外框用粗虚线表示
26	苗圃、花圃用地		—
27	特殊用地		
28	针叶林地		需区分天然林地、人工林地时,可用细线界框表示天然林地,粗线界框表示人工林地
29	阔叶林地		
30	针阔混交林地		

续表 3.2

序号	名 称	图 例	说 明
31	灌木林地		—
32	竹林地		—
33	经济林地		—
34	草原、草甸		—

3. 种植工程常用图例

种植工程常用图例见表 3.3~2.5。

表 3.3 植物

序号	名 称	图 例	说 明
1	落叶阔叶乔木		
2	常绿阔叶乔木		1. 落叶乔、灌木均不填斜线;常绿乔、灌木加画45°细斜线
3	落叶针叶乔木		2. 阔叶树的外围线用弧裂形或圆形线;针叶树的外围线用锯齿形或斜刺形线
4	常绿针叶乔木		3. 乔木外形成圆形;灌木外形成不规则形 4. 乔木图例中粗线小圆表示现有乔木,细线小十字表示设计乔木;灌木图例中黑点表示种植位置
5	落叶灌木		5. 凡大片树林可省略图例中的小圆、小十字及黑点
6	常绿灌木		

续表 3.3

序号	名　称	图　例	说　明
7	阔叶乔木疏林		—
8	针叶乔木疏林		常绿林或落叶林根据图画表现的需要加或不加45°细斜线
9	阔叶乔木密林		—
10	针叶乔木密林		—
11	落叶灌木疏林		—
12	落叶花灌木疏林		—
13	常绿灌木密林		—
14	常绿花灌木密林		—
15	自然形绿篱		—
16	整形绿篱		—
17	镶边植物		—
18	1~2年生草木花卉		—
19	多年生及宿根草木花卉		—

续表3.3

序号	名　称	图　例	说　明
20	一般草皮	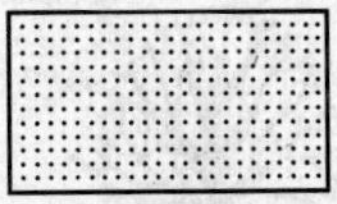	—
21	缀花草皮		—
22	整形树木		—
23	竹丛		—
24	棕榈植物		—
25	仙人掌植物		—
26	藤本植物		—
27	水生植物	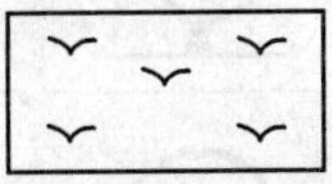	—

表3.4　树干形态

序号	名　称	图　例	说　明
1	主轴干侧分支形		—
2	主轴干无分支形		—

续表 3.4

序号	名　称	图　例	说　明
3	无主轴干多枝形		—
4	无主轴干垂枝形		—
5	无主轴干丛生形		—
6	无主轴干匍匐形		—

表 3.5　树冠形态

序号	名　称	图　例	说　明
1	圆锥形		树冠轮廓线,凡针叶树用锯齿形;凡阔叶树用弧裂形表示
2	椭圆形		—
3	圆球形		—
4	垂枝形		—
5	伞形		—
6	匍匐形		—

4. 绿地喷灌工程图例

绿地喷灌工程图例见表 3.6。

表3.6 绿地喷灌工程图例

序号	名 称	图 例	说 明
1	永久螺栓	M／φ	
2	高强螺栓	M／φ	1. 细"+"线表示定位线
3	安装螺检	M／φ	2. M 表示螺栓型号
4	胀锚螺栓	d	3. φ 表示螺栓孔直径 4. d 表示膨胀螺栓、电焊铆钉直径
5	圆形螺栓孔	φ	5. 采用引出线标注螺栓时,横线上标注螺栓规格,横线下标注螺栓孔直径
6	长圆形螺栓孔	φ／b	6. b 表示长圆形螺栓孔的宽度
7	电焊铆钉	d	
8	偏心异径管		—
9	异径管		—
10	乙字管		—
11	喇叭口		—
12	转动接头		—
13	短管		—

续表 3.6

序号	名　称	图　例	说　明
14	存水弯		—
15	弯头		—
16	正三通		—
17	斜三通		—
18	正四通		—
19	斜四通		—
20	浴盆排水件		—
21	闸阀		—
22	角阀		—
23	三通阀		—
24	四通阀		—
25	截止阀		—
26	电动阀		—

续表3.6

序号	名　　称	图　　例	说　　明
27	液动阀		—
28	气动阀		—
29	减压阀		左侧为高压端
30	旋塞阀	平面　　　系统	—
31	底阀		—
32	球阀		—
33	隔膜阀		—
34	气开隔膜阀		—
35	气闭隔膜阀		—
36	温度调节阀		—
37	压力调节阀		—
38	电磁阀	M	—
39	止回阀		—
40	消声止回阀		—
41	蝶阀		—
42	弹簧安全阀		左侧为通用
43	平衡锤安全阀		—

续表 3.6

序号	名　称	图　例	说　明
44	自动排气阀	平面　　系统	—
45	浮球阀	平面　　系统	—
46	延时自闭冲洗阀		—
47	吸水喇叭口	平面　　系统	—
48	疏水器		—
49	法兰连接		—
50	承插连接		—
51	活接头		—
52	管堵		—
53	法兰堵盖		—
54	弯折管		表示管道向后及向下弯转90°
55	三通连接		—
56	四通连接		—

续表 3.6

序号	名 称	图 例	说 明
57	盲板		—
58	管道丁字上接		—
59	管道丁字下接		—
60	管道交叉		在下方和后面的管道应断开
61	温度计		—
62	压力表		—
63	自动记录压力表		—
64	压力控制器		—
65	水表		—
66	自动记录流量计		—
67	转子流量计		
68	真空表		—
69	温度传感器		—

续表 3.6

序号	名　称	图　例	说　明
70	压力传感器	─ ─ ─ ─ P ─ ─ ─	—
71	pH 值传感器	─ ─ ─ pH ─ ─ ─	—
72	酸传感器	─ ─ ─ H ─ ─ ─	—
73	碱传感器	─ ─ ─ Na ─ ─ ─	—
74	氯传感器	─ ─ ─ Cl ─ ─ ─	—

3.1.2　园林植物的画法表现

1. 植物的平面画法

（1）乔木的平面表现方法。乔木的平面表示可先以树干位置为圆心、树冠平均半径为半径做出圆，再加以表现，其表现手法非常多，表现风格变化很大，如图 3.1 所示。

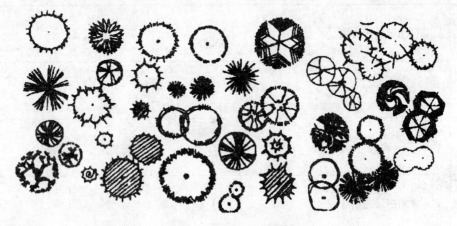

图 3.1　乔木平面表现类型

有些树木平面具有装饰图案的特点。当表示几株相连的相同树木的平面时，应互相避让，使图面形成整体。当表示成群树木的平面时可以连成一片，当表示成林树木的平面时可只勾勒林缘线，如图 3.2 所示。

（2）灌木和地被植物的平面表现方法。灌木是无明显主干的木本植物，与乔木不同，灌木植物矮小，近地面处枝干丛生，具有体型小、变化多、株植少、片植多等特点。因此，灌木的描绘与乔木既有相似之处，也有自己独立的特点。在平面图上表示时，株植灌木的表示方法与乔木相同，即有一定变化的线条绘出象征性的圆圈作为树冠线平面符号，并在树冠中心位置画出黑点,表示种植位置;对片植的灌木,则用一定变化的线条表示灌木的冠幅边(图3.3)。绘图时,利用粗实线绘出灌木边缘的轮廓,再用细实线与黑点表示个体树木的位置。

图3.2　片植乔木的表现图例

图3.3　片植灌木的表示方法

地被植物(如草地等)一般用小圆点、小圆圈、线点等符号来表示。在表示时,符号应绘得有疏有密。凡在草地、树冠线、建筑物等边缘外应密些,然后逐渐稀疏如图3.4所示。

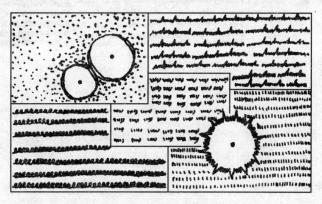

图3.4　地被植物的表示方法

(3)绿篱的平面图画法。绿篱在平面图中应以其范围线的表达为主。在勾画绿篱的范围线时,可以用装饰性的几何形式,也可以勾勒自然质感的变化线条轮廓,如图3.5所示。

(4)草坪和草地的表示方法。

1)打点法。打点法是较简单的一种表示方法。用打点法画草坪时所打的点的大小应基本一致。在距建筑、树木较近的地方,以及沿道路边缘、草坪边缘位置,点应相对密

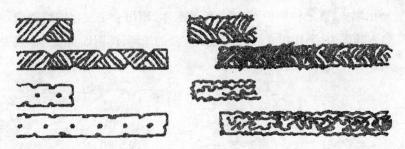

图 3.5　绿篱的平面画法表现

些,而距建筑、树木较远的地方,以及草坪中间位置,点应相对稀疏一些,使图纸看起来有层次感。但无论疏密,点都要打得相对均匀如图 3.6、图 3.7 所示。

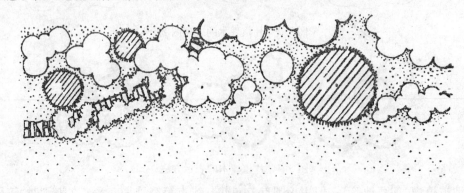

图 3.6　设计图中草坪的画法

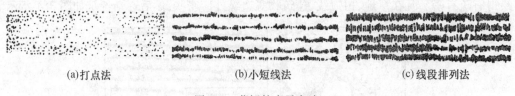

(a)打点法　　　　　　　(b)小短线法　　　　　　　(c)线段排列法

图 3.7　草坪的表示方法

　　2)小短线法。将小短线排列成行,每行之间的间距相近排列整齐,可用来表示草坪,排列不规整的可用来表示草地或管理粗放的草坪如图 3.7(b)所示。

　　3)线段排列法。线段排列法是最常用的方法,要求线段排列整齐,行间有断断续续的重叠,也可稍许留些空白或行间留白。另外,也可用斜线排列表示草坪,排列方式可规则,也可随意如图 3.7(c)所示。

　　(5)丛林植物的表示方法。灌木、竹类、花卉多以丛植为主,其平面画法多用曲线较自由地勾画出其种植范围,并在曲线内画出能反映其形状特征的叶子或花的图案加以装饰如图 3.8 所示。

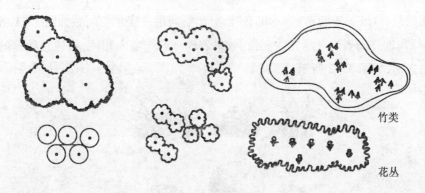

图 3.8 丛林植物的表示方法

2.植物的立面画法

(1)乔木的立面表现。园林植物的立面画法表现主要应用于园林建筑单体设计中的立面图的配景中,另外在有些剖面图中也会用到园林植物的立面画法。

树木的立面表示方法也可分成轮廓、分支和质感等几大类型,但是有时并不十分严格。树木的立面表现形式有写实的,也有图案的或稍加变形的,其风格应与树木平面和整个图画相一致,图案化的立面表现是比较理想的设计表现形式。树木立面图中的枝干、冠叶等的具体画法参考立面表现部分中树木的画法。如图 3.9、图 3.10 所示为园林植物立面画法。

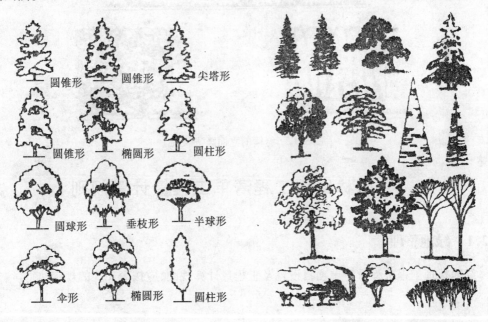

图 3.9 园林植物立面画法表现(一)　　图 3.10 园林植物立面画法表现(二)

(2)灌木的立面表现。在绘制灌木的立面图时,一般先用有一定变化的线、点或简单图形描绘灌木(丛)冠的轮廓线,再在轮廓线内按花叶的排列方向,根据光影效果画出有一定变化的线、点或简单图形,表示出花叶,分出空间层次表示空间感如图 3.11 所示。

(3)绿篱的立面表现。绿篱的立面、效果表现一般与灌木相同,要注意绿篱的造型感和尺度的表达,如图 3.12 所示。

草木花卉

单株灌木

灌木丛

图 3.11　灌木的立面图绘制

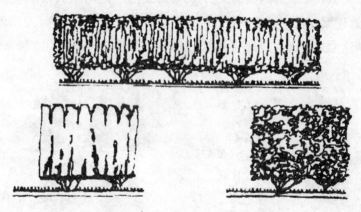

图 3.12　绿篱的立面画法表现

3.2　园林绿化工程清单工程量计算规则

3.2.1　绿地整理

绿地整理工程工程量清单项目设置及工程量计算规则,应按表 3.7 的规定执行。

表 3.7　绿地整理(编码:050101)

项目编码	项目名称	项目特征	计量单位	工程量计算规则	工程内容
050101001	伐树、挖树根	树干胸径	株	按数量计算	1. 伐树、挖树根 2. 废弃物运输 3. 场地清理
050101002	砍挖灌木丛	丛高	株(株丛)	按数量计算	1. 灌木砍挖 2. 废弃物运输 3. 场地清理
050101003	挖竹根	根盘直径	株(株丛)		1. 砍挖竹根 2. 废弃物运输 3. 场地清理
050101004	挖芦苇根	丛高		按面积计算	1. 苇根砍挖 2. 废弃物运输 3. 场地清理
050101005	清除草皮	丛高		按面积计算	1. 除草 2. 废弃物运输 3. 场地清理
050101006	整理绿化用地	1. 土壤类别 2. 土质要求 3. 取土运距 4. 回填厚度 5. 弃渣运距	m²	按设计图示尺寸以面积计算	1. 排地表水 2. 土方挖、运 3. 耙细、过筛 4. 回填 5. 找平、找坡 6. 拍实
050101007	屋顶花园基底处理	1. 找平层厚度、砂浆种类、强度等级 2. 防水层种类、做法 3. 排水层厚度、材质 4. 过滤层厚度、材质 5. 回填轻质土厚度、种类 6. 屋顶高度 7. 垂直运输方式	m²	按设计图示尺寸以面积计算	1. 抹找平层 2. 防水层铺设 3. 排水层铺设 4. 过滤层铺设 5. 填轻质土壤 6. 运输

3.2.2　栽植花木

栽植花木工程工程量清单项目设置及工程量计算规则,应按表3.8的规定执行。

表 3.8　栽植花木(编码:050102)

项目编码	项目名称	项目特征	计量单位	工程量计算规则	工程内容
050102001	栽植乔木	1. 乔木种 2. 乔木胸径 3. 养护期	株(株丛)	按设计图示 数量计算	1. 起挖 2. 运输 3. 栽植 4. 支撑 5. 草绳绕树干 6. 养护
050102002	栽植竹类	1. 竹种类 2. 竹胸径 3. 养护期			
050102003	栽植棕榈类	1. 棕榈种类 2. 株高 3. 养护期	株		
050102004	栽植灌木	1. 灌木种类 2. 冠丛高 3. 养护期			
050102005	栽植绿篱	1. 绿篱种类 2. 篱高 3. 行数、株距 4. 养护期	m/m²	按设计图示以长 度或面积计算	
050102006	栽植攀缘植物	1. 植物种类 2. 养护期	株	按设计图示数量 计算	
050102007	栽植色带	1. 苗木种类 2. 苗木株高、株距 3. 养护期	m²	按设计图示尺寸 以面积计算	
050102008	栽植花卉	1. 花卉种类、株距 2. 养护期	株/m²	按设计图示数量 或面积计算	
050102009	栽植水生植物	1. 植物种类 2. 养护期	丛/m²		
050102010	铺种草皮	1. 草皮种类 2. 铺种方式 3. 养护期	m²	按设计图示尺寸 以面积计算	1. 坡地细整 2. 阴坡 3. 草籽喷播 4. 覆盖 5. 养护
050102011	喷播植草	1. 草籽种类 2. 养护期			

3.2.3　绿地喷灌

　　绿地喷灌工程工程量清单项目设置及工程量计算规则,应按表 3.9 的规定执行。

表 3.9 绿地喷灌(编码:050103)

项目编码	项目名称	项目特征	计量单位	工程量计算规则	工程内容
050103001	喷灌设施	1. 土石类别 2. 阀门井材料种类、规格 3. 管道品种、规格、长度 4. 管件、阀门、喷头品种、规格、数量 5. 感应电控装置品种、规格、品牌 6. 管道固定方式 7. 防护材料种类 8. 油漆品种、刷漆遍数	m	按设计图标尺寸以长度计算	1. 挖土石方 2. 阀门井砌筑 3. 管道铺设 4. 管道固筑 5. 感应电控设施安装 6. 水压试验 7. 刷防护材料、油漆 8. 回填

3.2.4 绿化工程其他相关问题处理

绿化工程其他相关问题应按如下规定处理:

(1)挖土外运、借土回填、挖(凿)土(石)方应包括在相关项目内。

(2)苗木计量应符合下列规定:

1)胸径(或干径)应为地表面向上 1.2 m 高处树干的直径。

2)株高应为地表面至树顶端的高度。

3)冠丛高应为地表面至乔(灌)木顶端的高度。

4)篱高应为地表面至绿篱顶端的高度。

5)生产期应为苗木种植至起苗的时间。

6)养护期应为招标文件中要求苗木栽植后承包人负责养护的时间。

【例 3.1】 如图 3.13 所示为绿地整理的一部分,包括树、树根、灌木丛、竹根、芦苇根、草皮的清理,求清单工程量。

【解】 (1)伐树、挖树根 15 株(按估算数量计算,树干胸径 10 cm)。

(2)砍挖灌木丛 4 株丛(按估算数量计算,丛高 1.5 m)。

(3)挖竹根 1 株丛(按估算数量计算,根盘直径 5 cm)。

(4)挖芦苇根 18.00 m² (按估算数量计算,丛高 1.6 m)。

(5)清除草皮 90.00 m² (按估算数量计算,丛高 25 cm)。

清单工程量计算见表 3.10。

表 3.10 清单工程量计算表

序号	项目编码	项目名称	项目特征描述	计量单位	工程量
1	050101001001	伐树、挖树根	树干胸径 10 cm	株	15
2	050101002001	砍挖灌木丛	丛高 1.5 m	株丛	4

续表 3.10

序号	项目编码	项目名称	项目特征描述	计量单位	工程量
3	050101003001	挖竹根	根盘直径 5 cm	株丛	1
4	050101004001	挖芦苇根	丛高 1.6 m	m^2	18.00
5	050101005001	清除草皮	丛高 25 cm	m^2	90.00

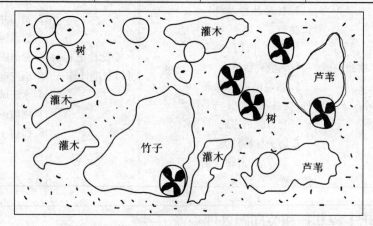

图 3.13　绿地整理局部示意图

注:①芦苇面积约 18 m^2;②草皮面积约 90 m^2。

3.3　园林绿化工程工程量计算常用数据资料

3.3.1　绿地整理工程

1. 绿地整理工程基础数据

各种土的最优含水量和最大密实度参考数值见表 3.11。

表 3.11　土的最优含水量和最大密实度参考表

项次	土的种类	变动范围		项次	土的种类	变动范围	
		最优含水量/%（质量比）	最大干密度/（t·m⁻³）			最优含水量/%（质量比）	最大干密度/（t·m⁻³）
1	砂土	8 ~ 12	1.80 ~ 1.88	3	粉质黏土	12 ~ 15	1.85 ~ 1.95
2	黏土	19 ~ 23	1.58 ~ 1.70	4	粉土	16 ~ 22	1.61 ~ 1.80

压实机械和工具每层铺土厚度与所需的碾压(夯实)遍数的参考数值见表 3.12。

表 3.12　填方每层铺土厚度和压实遍数

压实机具	每层铺土厚度/mm	每层压实遍数/遍
平碾	200 ~ 300	6 ~ 8
羊足碾	200 ~ 350	8 ~ 16

续表 3.12

压实机具	每层铺土厚度/mm	每层压实遍数/遍
蛙式打夯机	200~250	3~4
振动碾	60~130	6~8
振动压路机	120~150	10
推土机	200~300	6~8
拖拉机	200~300	8~16
人工打夯	不大于 200	3~4

注：人工打夯时土块粉径不应大于 5 cm。

利用运土工具行驶来压实时，每层铺土厚度不得超过表 3.13 的数值。

表 3.13　运土工具压实填方参考值/m

项次	填土方法和采用的运土工具	土的名称		
		粉质黏土和黏土	粉土	砂土
1	拖拉机拖车和其他填土方法并用机械平土	0.7	1.0	1.5
2	汽车和轮式铲运机	0.5	0.8	1.2
3	人推小车和马车运土	0.3	0.6	1.0

挖方工程的放坡做法见表 3.14 和表 3.15，岩石边坡的坡度允许值（高宽比）受石质类别、石质风化程度及坡面高度三方面因素的影响，见表 3.16。

表 3.14　不同的土质自然放坡坡度允许值

土质类别	密实度或黏性土状态	坡度允许值（高宽比）	
		坡高在 5 m 以下	坡高 5~10 m
碎石类土	密实	1:0.35~1:0.50	1:0.50~1:0.75
	中密实	1:0.50~1:0.75	1:0.75~1:1.00
	稍密实	1:0.75~1:1.00	1:1.00~1:1.25
老黏性土	坚硬	1:0.35~1:0.50	1:0.50~1:0.75
	硬塑	1:0.50~1:0.75	1:0.75~1:1.00
一般黏性土	坚硬	1:0.75~1:1.00	1:1.00~1:1.25
	硬塑	1:1.00~1:1.25	1:1.25~1:1.50

表 3.15　一般土壤自然放坡坡度允许值

序号	土壤类别	坡度允许值（高度比）
1	黏土、粉质黏土、亚砂、砂土（不包括细砂、粉砂），深度不超过 3 m	1:1.00~1:1.25
2	土质同上，深度 3~12 m	1:1.25~1:1.50
3	干燥黄土、类黄土，深度不超过 5 m	1:1.00~1:1.25

表 3.16　岩石边坡坡度允许值

石质类别	风化程度	坡度允许值(高宽比)	
		坡高在 8 m 以内	坡高 8 ~ 15 m
硬质岩石	微风化	1 : 0.10 ~ 1 : 0.20	1 : 0.20 ~ 1 : 0.35
	中等风化	1 : 0.20 ~ 1 : 0.35	1 : 0.35 ~ 1 : 0.50
	强风化	1 : 0.35 ~ 1 : 1.50	1 : 0.50 ~ 1 : 0.75
软质岩石	微风化	1 : 0.35 ~ 1 : 0.50	1 : 0.50 ~ 1 : 0.75
	中等风化	1 : 0.50 ~ 1 : 0.75	1 : 0.75 ~ 1 : 1.00
	强风化	1 : 0.75 ~ 1 : 1.00	1 : 1.00 ~ 1 : 1.25

　　填方的边坡坡度应根据填方高度、土的种类及重要性在设计中加以规定。若设计无规定,可按表 3.17 采用。用黄土或类黄土填筑重要的填方时,其边坡坡度可参考表3.18采用。

表 3.17　永久性填方边坡的高度限制

项次	土的种类	填方高度/m	边坡坡度
1	黏土类土、黄土、类黄土	6	1 : 1.50
2	粉质黏土、泥灰岩土	6 ~ 7	1 : 1.50
3	中砂或粗砂	10	1 : 1.50
4	砾石和碎石土	10 ~ 12	1 : 1.50
5	易风化的岩土	12	1 : 1.50
6	轻微风化、尺寸在 25 cm 内的石料	6 以内	1 : 1.33
		6 ~ 12	1 : 1.50
7	轻微风化、尺寸大于 25 cm 的石料,边坡用最大石块、分排整齐铺砌	12 以内	1 : 1.50 ~ 1 : 0.75
8	轻微风化、尺寸大于 40 cm 的石料,其边坡分排整齐	5 以内	1 : 0.50
		5 ~ 10	1 : 0.65
		>10	1 : 1.00

表 3.18　黄土或类黄土填筑重要填方的边坡坡度

填土高度/m	自地面起高度/m	边坡坡度
6 ~ 9	0 ~ 3	1 : 1.75
	3 ~ 9	1 : 1.50
9 ~ 12	0 ~ 3	1 : 2.00
	3 ~ 6	1 : 1.75
	6 ~ 12	1 : 1.50

　　利用填土做地基时,填方的压实系数、边坡坡度应符合表 3.17 的规定。其承载力根据试验确定,若无试验数据,可按表 3.19 选用。

　　常见土壤的自然倾斜角情况见表 3.20。

表 3.19 填土地基承载力和边坡坡度值

填土类别	压实系数	承载力/kPa	边坡坡度容许值(高宽比)	
			坡度在 8 m 以内	坡度 8 ~ 15 m
碎石、卵石		200 ~ 300	1:1.50 ~ 1:1.25	1:1.75 ~ 1:1.50
砂夹石(其中碎石、卵石占全重 30% ~ 50%)		200 ~ 250	1:1.50 ~ 1:1.25	1:1.75 ~ 1:1.50
土夹石(其中碎石、卵石占全重 30% ~ 50%)	0.94	150 ~ 200	1:1.50 ~ 1:1.25	1:200 ~ 1:1.50
黏性土(10<I_P<14)		130 ~ 180	1:1.75 ~ 1:1.50	1:2.25 ~ 1:1.75

注:I_P塑性指数。

表 3.20 土壤的自然倾斜角

土壤名称	土壤干湿情况			土壤颗粒尺寸/mm
	干的	潮的	湿的	
砾石	40°	40°	35°	2 ~ 20
卵石	35°	45°	25°	20 ~ 200
粗砂	30°	32°	27°	1 ~ 2
中砂	28°	35°	25°	0.5 ~ 1
细砂	25°	30°	20°	0.05 ~ 0.5
黏土	45°	35°	15°	<0.001 ~ 0.005
壤土	50°	40°	30°	
腐殖土	40°	35°	25°	

屋顶绿化形式的主要指标见表 3.21。

表 3.21 屋顶绿化形式的主要指标

名称	要求承重/(kg·m^{-2})	种植层厚/cm	主要功能
花园式	>500	30 ~ 50	提供休息游览场所
种植园式	200 ~ 300	20 ~ 30	栽植花木,防暑降温,增加效益
地毯式	100 ~ 200	5 ~ 20	美化环境

2.绿地整理工程工程量计算数据

(1)横截面法计算土方量。横截面法适用于地形起伏变化较大或形状狭长的地带,其方法是:首先,根据地形图及总平面图,将要计算的场地划分成若干个横截面,相邻两个横截面距离视地形变化而定。在起伏变化大的地段,布置密一些(即距离短一些),反之则可适当长一些。例如线路横断面在平坦地区,可取 50 m 一个,山坡地区可取 20 m 一个,遇到变化大的地段再加测断面。然后,实测每个横截面特征点的标高,量出各点之间距离(若测区已有比较精确的大比例尺地形图,也可在图上设置横截面,用比例尺直接量取距离,按等高线求算高程,方法简捷,就其精度来说,没有实测的高),按比例尺把每个横截面绘制到厘米方格纸上,并套上相应的设计断面,则自然地面和设计地面两轮廓线之间的部分,即是需要计算的施工部分。

具体计算步骤如下所述:

1)划分横截面:根据地形图(或直接测量)及竖向布置图,将要计算的场地划分为横截面 $A–A'$、$B–B'$、$C–C'$…划分原则为垂直等高线或垂直主要建筑物边长,横截面之间的间距可不等,地形变化复杂的间距宜小,反之宜大一些,但是最大不宜大于 100 m。

2)画截面图形:按比例画制每个横截面的自然地面和设计地面的轮廓线。设计地面轮廓线之间的部分,即为填方和挖方的截面。

3)计算横截面面积:按表 3.22 所列的面积计算公式,计算每个截面的填方或挖方截面面积。

4)计算土方量:根据截面面积计算土方量:

$$V=\frac{1}{2}(F_1+F_2)\times L$$

式中　V——相邻两截面间的土方量,m^3;

　　　F_1、F_2——相邻两截面的挖(填)方截面面积,m^2。

5)按照土方量汇总(表 3.23):图 3.1 中截面 $A–A'$ 所示,设桩号 0+0.00 的填方横截面面积为 2.70 m^2,挖方横截面面积为 3.80 m^2;图 3.14 中截面 $B–B'$,桩号 0+0.20 的填方横断面面积为 2.25 m^2,挖方横截面面积为 6.62 m^2,两桩间的距离为 30 m(图 3.1),则其挖填方量各为

$$V_{挖方}/m^3=\frac{1}{2}(3.80+6.65)\times30=156.75$$

$$V_{填方}/m^3=\frac{1}{2}(2.70+2.25)\times30=74.25$$

表 3.22　常用横截面计算公式

图示	面积计算公式
	$F=h(b+nh)$
	$F=h\left[b+\dfrac{h(m+n)}{2}\right]$
	$F=b\dfrac{h_1+h_2}{2}+nh_1h_2$

续表 3.22

图示	面积计算公式
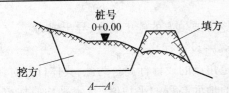	$$F=h_1\frac{a_1+a_2}{2}+h_2\frac{a_2+a_3}{2}+h_3\frac{a_3+a_4}{2}+h_4\frac{a_4+a_5}{2}$$
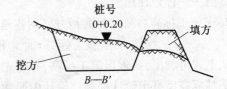	$$F=\frac{1}{2}a(h_0+2h+h_n)$$ $$h=h_1+h_2+h_3+\cdots+h_n$$

表 3.23　土方量汇总

断面	填方面积/m²	挖方面积/m²	截面间距/m	填方体积/m³	挖方体积/m³
$A-A'$	2.70	3.80	30	40.5	57
$B-B'$	2.25	6.65	30	33.75	99.75
合计				74.25	156.75

图 3.14　横截面示意图

　　(2)方格网法计算土方量。方格网法是把平整场地的设计工作和土方量计算工作结合在一起进行的。

　　1)划分方格网。在附有等高线的地形图(图样常用比例为 1∶500)上做方格网,方格各边最好与测量的纵、横坐标系统对应,并对方格及各角点进行编号。方格边长在园林中一般用 20 m×20 m 或 40 m×40 m。然后将各点设计标高和原地形标高分别标注于方格桩点的右上角和右下角,再将原地形标高与设计地面标高的差值(即各角点的施工标高)填土方格点的左上角,挖方为(+)、填方为(-)。

　　其中原地形标高用插入法求得(图 3.15),方法是:设 H_x 为欲求角点的原地面高程,过此点作相邻两等高线间最小距离 L,其公式为

$$H_x=H_a\pm\frac{xh}{L}$$

式中　H_a——低边等高线的高程,m;

　　　　x——角点至低边等高线的距离,m;

　　　　h——等高差,m。

插入法求某点地面高程通常会遇到以下 3 种情况。

　　①待求点标高 H_a 在两等高线之间,如图 3.15 中①所示,即

$$H_x=H_a+\frac{xh}{L}$$

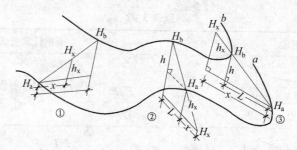

图 3.15　插入法求任意点高程示意图

②待求点标高 H_a 在低边等高线的下方,如图 3.15 中②所示,即

$$H_x = H_a - \frac{xh}{L}$$

③待求点标高 H_a 在低边等高线的上方,如图 3.15 中③所示,即

$$H_x = H_a + \frac{xh}{L}$$

在平面图上线段 H_a–H_b 是过待求点所做的相邻两等高线间最小水平距离 L。求出的标高数值一一标记在图上。

2)求施工标高。施工标高指方格网各角点挖方或填方的施工高度,导出式为

施工标高=原地形标高–设计标高

从上式可看出,要求出施工标高,必须先确定角点的设计标高。为此,具体计算时,要通过平整标高反推出设计标高。设计中通常取原地面高程的平均值(算术平均或加权平均)作为平整标高。平整标高的含义就是将一块高低不平的地面在保证土方平衡的条件下,挖高垫低使地面水平,这个水平地面的高程就是平整标高。它是根据平整前和平整后土方数相等的原理求出的。当平整标高求得后,就可用图解法或数学分析法来确定平整标高的位置,再通过地形设计坡度,可算出各角点的设计标高,最后将施工标高求出。

3)零点位置。零点是指不挖不填的点,零点的连线即为零点线,它是填方与挖方的界定线,因而零点线是进行土方计算和土方施工的重要依据之一。要识别是否有零点存在,只要看一个方格内是否同时有填方与挖方,如果同时有,则说明一定存在零点线。为此,应将此方格的零点求出,并标于方格网上,再将零点相连,即可分出填挖方区域,该连线即为零点线。

零点(图 3.16a)可通过下式求得

$$x = \frac{h_1}{h_1 + h_2} a$$

式中　x——零点距 h_1 一端的水平距离,m;

　　h_1、h_2——方格相邻二角点的施工标高绝对值,m;

　　a——方格边长,m。

零点的求法还可采用图解法,如图 3.16(b)所示。方法是将直尺放在各角点上标出相应的比例,而后用尺相接,凡与方格交点的为零点位置。

4)计算土方工程量。根据各方格网底面积图形及相应的体积计算公式见表 3.24 来

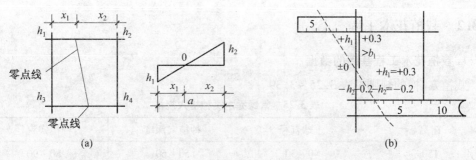

图 3.16　求零点位置示意图

逐一求出方格内的挖方量或填方量。

5)计算土方总量。将填方区所有方格的土方量(或挖方区所有方格的土方量)累计汇总,即得到该场地填方和挖方的总土方量,最后填入汇总表。

表 3.24　方格网计算土方量计算公式表

项目	图式	计算公式
一点填方或挖方(三角形)		$V = bc \dfrac{\sum h}{3} = \dfrac{bch_3}{6}$ 当 $b = c = a$ 时,$V = \dfrac{a^2 h_3}{6}$
二点填方或挖方(梯形)		$V_+ = \dfrac{b+c}{2} a \dfrac{\sum h}{4} = \dfrac{a}{8}(b+c)(h_1+h_3)$ $V_- = \dfrac{d+e}{2} a \dfrac{\sum h}{4} = \dfrac{a}{8}(d+e)(h_2+h_4)$
三点填方或挖方(五角形)		$V = \left(a^2 - \dfrac{bc}{2}\right) \dfrac{\sum h}{5} = \left(a^2 - \dfrac{bc}{2}\right) \dfrac{h_1+h_2+h_4}{h_5}$
四点填方或挖方(正方形)		$V = \dfrac{a^2}{4} \sum h = \dfrac{a^2}{4}(h_1+h_2+h_3+h_4)$

注:1. a 方格网的边长(m);b、c 为零点到一角的边长(m);h_1、h_2、h_3、h_4 为方格网四角点的施工高程(m),用绝对值代入;$\sum h$ 为填方或挖方施工高程的总和(m),用绝对值代入;V 为挖方或填方体积(m^3)。

2. 本表公式是按各计算图形底面积乘以平均施工高程而得出的。

3.3.2 栽植花木工程

1. 栽植花木工程基础的数据

栽植穴、槽的规则见表 3.25 ~ 3.39。

表 3.25　常绿乔木类种植穴规格　　　　　　　　　cm

树高	土球直径	种植穴深度	种植穴直径
150	40 ~ 50	50 ~ 60	80 ~ 90
150 ~ 250	70 ~ 80	80 ~ 90	100 ~ 110
250 ~ 400	80 ~ 100	90 ~ 110	120 ~ 130
400 以上	140 以上	120 以上	180 以上

表 3.26　落叶乔木类种植穴规格　　　　　　　　　cm

胸径	种植穴深度	种植穴直径	胸径	种植穴深度	种植穴直径
2 ~ 3	30 ~ 40	40 ~ 60	5 ~ 6	60 ~ 70	80 ~ 90
3 ~ 4	40 ~ 50	60 ~ 70	6 ~ 8	70 ~ 80	90 ~ 100
4 ~ 5	50 ~ 60	70 ~ 80	8 ~ 10	80 ~ 90	100 ~ 110

表 3.27　花灌木类种植穴规格　　　　　　　　　cm

树高	土球(直径×高)	圆坑(直径×高)	说明
1.2 ~ 1.5	30×20	60×40	
1.5 ~ 1.8	40×30	70×50	3 株以上
1.8 ~ 2.0	50×30	80×50	
2.0 ~ 2.5	70×40	90×60	

表 3.28　竹类种植穴规格　　　　　　　　　cm

种植穴深度	种植穴直径
大于盘根或土球(块)厚度 20 ~ 40	大于盘根或土球(块)直径 40 ~ 60

表 3.29　绿篱类种植穴规格　　　　　　　　　cm

种植高度	单行	双行
30 ~ 50	30×40	40×60
50 ~ 80	40×40	40×60
100 ~ 120	50×50	50×70
120 ~ 150	60×60	60×80

树木栽植后的浇水量见表 3.30。

表 3.30 树木栽植后的浇水量

乔木及常绿树胸径/cm	灌土高度/m	绿篱高度/m	树堰直径/cm	浇水量/kg
—	12 ~ 1.5	1 ~ 1.2	60	50
—	1.5 ~ 1.8	1.2 ~ 1.5	70	75
3 ~ 5	1.8 ~ 2	1.5 ~ 2	80	100
5 ~ 7	2 ~ 2.5	—	90	200
7 ~ 10	—	—	110	250

软材包装移植法中土球的规格见表 3.31。

表 3.31 土球规格

树木胸径/cm	土球规格		
	土球直径/cm	土球高度/cm	留底直径/cm
10 ~ 12	胸径 8 ~ 10 倍	60 ~ 70	土球直径的 1/3
13 ~ 15	胸径 7 ~ 10 倍	70 ~ 80	

木箱包装移植法中土台的规格见表 3.32。

表 3.32 土台规格

树木胸径/cm	15 ~ 18	18 ~ 24	25 ~ 27	28 ~ 30
木箱规格/m（上边长高）	1.5×0.6	1.8×0.70	2.0×0.70	2.2×0.80

木本植物的掘苗规格见表 3.33 ~ 3.35。

表 3.33 小苗的掘苗规格

苗木高度/cm	应留根系长度/cm	
	侧根（幅度）	直 根
<30	12	15
31 ~ 100	17	20
101 ~ 150	20	20

表 3.34 大、中苗的掘苗规格

苗木胸径/cm	应留根系长度/cm	
	侧根（幅度）	直 根
3.1 ~ 4.0	35 ~ 40	25 ~ 30
4.1 ~ 5.0	45 ~ 50	35 ~ 40
5.1 ~ 6.0	50 ~ 60	40 ~ 50
6.1 ~ 8.0	70 ~ 80	45 ~ 55
8.1 ~ 10.0	85 ~ 100	55 ~ 65
10.1 ~ 12.0	100 ~ 120	65 ~ 75

表 3.35　带土球苗的掘苗规格

苗木高度/cm	土球规格/cm	
	横径	纵径
<100	30	20
101～200	40～50	30～40
201～300	50～70	40～60
301～400	70～90	60～80
401～500	90～110	80～90

2. 栽植花木工程的质量数据

(1)各类苗木的质量标准。

1)乔木类常用苗木产品的主要规格质量标准见表 3.36。

表 3.36　乔木类常用苗木产品的主要规格质量标准

类型	树种	树高/m	干径/cm	苗龄/a	冠径/m	分支点高/m	移植次数/次
绿针叶乔木	南洋杉	2.5～3.0	—	6～7	1.0	—	2
	冷杉	1.5～2.0	—	7	0.8	—	2
	雪松	2.5～3.0	—	6～7	1.5	—	2
落叶针叶乔木	水松	3.0～3.5	—	4～5	1.0	—	2
	水杉	3.0～3.5	—	4～5	1.0	—	2
	金钱松	3.0～3.5	—	6～8	1.2	—	2
	池杉	3.0～3.5	—	4～5	1.0	—	2
	落羽杉	3.0～3.5	—	4～5	1.0	—	2
常绿阔叶乔木	羊蹄甲	2.5～3.0	3～4	4～5	1.2	—	2
	榕树	2.5～3.0	4～6	5～6	1.0	—	2
	黄桷树	3.0～3.5	5～8	5	1.5	—	2
	女贞	2.0～2.5	3～4		1.2	—	1
	广玉兰	3.0	3～4	4～5	1.5	—	2
	白兰花	3.0～3.5	5～6	5～7	1.0	—	1
	芒果	3.0～3.5	5～6	5	1.5	—	2
	香樟	2.5～3.0	3～4	4～5	1.2	—	2
	蚊母	2.0	3～4	5	0.5	—	3
	桂花	1.5～2.0	3～4	4～5	1.5	—	2
	山茶花	1.5～2.0	3～4	5～6	1.5	—	2
	石楠	1.5～2.0	3～4	5	1.0	—	2
	枇杷	2.0～2.5	3～4	3～4	5～6	—	2

续表 3.36

类型	树种	树高/m	干径/cm	苗龄/a	冠径/m	分支点高/m	移植次数/次
常绿阔叶乔木	大乔木 银杏	2.5~3.0	2	15~20	1.5	2.0	3
	绒毛白蜡	4.0~6.0	4~5	6~7	0.8	5.0	2
	悬铃木	2.0~2.5	5~7	4~5	1.5	3.0	2
	毛白杨	6.0	4~5	4	0.8	2.5	1
	臭椿	2.0~2.5	3~4	3~4	0.8	2.5	1
	三角枫	2.5	2.5	8	0.8	2.0	2
	元宝枫	2.5	3	5	0.8	2.0	2
	洋槐	6.0	3~4	6	0.8	2.0	2
	合欢	5.0	3~4	6	0.8	2.5	2
	栾树	4.0	5	6	0.8	2.5	2
	七叶树	3.0	3.5~4	4~5	0.8	2.5	3
	国槐	4.0	5~6	8	0.8	2.5	2
	无患子	3.0~3.5	3~4	5~6	1.0	3.0	1
	泡桐	2.0~2.5	3~4	2~3	0.8	2.5	1
	枫杨	2.0~2.5	3~4	3~4	0.8	2.5	1
	梧桐	2.0~2.5	3~4	4~5	0.8	2.0	2
	鹅掌楸	3.0~4.0	3~4	4~6	0.8	2.5	2
	木棉	3.5	5~8	5	0.8	2.5	2
	垂柳	2.5~3.0	4~5	2~3	0.8	2.5	2
	枫香	3.0~3.5	3~4	4~5	0.8	2.5	2
	榆树	3.0~4.0	3~4	3~4	1.5	2.0	2
	榔榆	3.0~4.0	3~4	6	1.5	2.0	3
	朴树	3.0~4.0	3~4	5~6	1.5	2.0	2
	乌桕	3.0~4.0	3~4	6	2.0	2.0	2
	楝树	3.0~4.0	3~	4~5	2.0	2.0	2
	杜仲	4.0~5.0	3~4	6~8	2.0	2.0	3
	麻栎	3.0~4.0	3~4	5~6	2.0	2.0	2
	榉树	3.0~4.0	3~4	8~10	2.0	2.0	3
	重阳木	3.0~4.0	3~4	5~6	2.0	2.0	2
	梓树	3.0~4.0	3~4	5~6	2.0	2.0	2
	白玉兰	0.2~2.5	2~3	4~5	0.8	0.8	1
	紫叶李	1.5~2.0	1~2	3~4	0.8	0.4	2
	樱花	2.0~2.5	1~2	3~4	1.0	0.8	2
	鸡爪槭	1.5	1~2	4	0.8	1.5	2
	西府海棠	3.0	1~2	4	1.0	0.4	2
	大花紫薇	1.5~2.0	1~2	3~4	0.8	1.0	1
	石榴	1.5~2.0	1~2	3~4	0.8	0.4~0.5	2
	碧桃	1.5~2.0	1~2	3~4	1.0	0.4~0.5	1
	丝棉木	2.5	2	4	1.5	0.8~1.0	1
	垂枝榆	2.5	4	7	1.5	2.5~3.0	2
	龙爪槐	2.5	4	10	1.5	2.5~3.0	3
	毛刺槐	2.5	4	3	1.5	1.5~2.0	1

注:分支点高等具体要求,应根据树种的不同特点和街道车辆交通量,由各地另行规定。

2)灌木类常用苗木产品的主要规格质量标准见表 3.37。

表 3.37　灌木类常用苗木产品的主要规格质量标准

类型		树种	树高/ m	苗龄/ a	蓬径/ m	主枝数/ 个	移植 次数/次	主条长/ m	基径/ cm
常绿针叶灌木	匍匐型	爬土柏	—	4	0.6	3	2	1 ~ 1.5	1.5 ~ 2
		沙地柏	—	4	0.6	3	2	1 ~ 1.5	1.5 ~ 2
	丛生型	千头柏	0.8 ~ 1.0	5 ~ 6	0.5	—	1		
		线柏	0.6 ~ 0.8	4 ~ 5	0.5	—	1		
		月桂	1.0 ~ 1.2	4 ~ 5	0.5	3	1 ~ 2		
		海桐	0.8 ~ 1.0	4 ~ 5	0.8	3 ~ 5	1 ~ 2		
常绿阔叶灌木	丛生型	月桂	1.0 ~ 1.2	4 ~ 5	0.5	3	1 ~ 2		—
		海桐	0.8 ~ 1.0	4 ~ 5	0.8	3 ~ 5	1 ~ 2		—
		夹竹桃	1.0 ~ 1.5	2 ~ 3	0.5	3 ~ 5	1 ~ 2		—
		含笑	0.6 ~ 0.8	4 ~ 5	0.5	3 ~ 5			—
		米仔兰	0.6 ~ 0.8	5 ~ 6	0.6	3	2		—
		大叶黄杨	0.6 ~ 0.8	4 ~ 5	0.5	3	2		—
		锦熟黄杨	0.3 ~ 0.5	3 ~ 4	0.3	3	1		—
		云锦杜鹃	0.3 ~ 0.5	3 ~ 4	0.3	5 ~ 8	1 ~ 2		—
		十大功劳	0.3 ~ 0.5	3	0.3	3 ~ 5	1		—
		栀子花	0.3 ~ 0.5	2 ~ 3	0.3	3 ~ 5	1		—
		黄蝉	0.6 ~ 0.8	3 ~ 4	0.3	3 ~ 5	1		—
		南天竹	0.3 ~ 0.5	2 ~ 3	0.3	3	1		—
		九里香	0.6 ~ 0.8	4	0.6	3 ~ 5	1 ~ 2		—
		八角金盘	0.5 ~ 0.6	3 ~ 4	0.5	2	1		—
		枸骨	0.6 ~ 0.8	5	0.6	3 ~ 5	2		—
		丝兰	0.3 ~ 0.4	3 ~ 4	0.5	3	2		—
	单干型	高接大叶黄杨	2.0	2	3.0	3	2	—	3 ~ 4
	丛生型	榆叶梅	1.5	3 ~ 5	0.8	5	2		—
		珍珠梅	1.5	5	0.8	6	1		—
		黄刺梅	1.5 ~ 2.0	4 ~ 5	0.8 ~ 1.0	6 ~ 8	—		—
		玫瑰	0.8 ~ 1.0	4 ~ 5	0.5 ~ 0.6	5	1		—
		贴梗海棠	0.8 ~ 1.0	4 ~ 5	0.8 ~ 1.0	5	1		—
		木槿	1.0 ~ 1.5	2 ~ 3	0.5 ~ 0.6	5	1		—
		太平花	1.2 ~ 1.5	2 ~ 3	0.5 ~ 0.8	6	1		—
		红叶小檗	0.8 ~ 1.0	3 ~ 5	0.5	6	1		—
		棣棠	1.0 ~ 1.5	6	0.8	6	1		—
		紫荆	1.0 ~ 1.2	6 ~ 8	0.8 ~ 1.0	6	1		—
		锦带花	1.2 ~ 1.5	2 ~ 3	0.5 ~ 0.8	6	1		—
		腊梅	1.5 ~ 2.0	5 ~ 6	1.0 ~ 1.5	8	1		—
		溲疏	1.2	3 ~ 5	0.6	6	1		—
		金根木	1.5	3 ~ 5	0.8 ~ 1.0	5	1		—
		紫薇	1.0 ~ 1.5	3 ~ 5	0.8 ~ 1.0	5	1		—
		紫丁香	1.2 ~ 1.5	3	0.6	5	1		—

续表 3.37

类型		树种	树高/ m	苗龄/ a	蓬径/ m	主枝数 个	移植 次数/次	主条长/ m	基径/ cm
落叶阔叶灌木	丛生型	木本绣球	0.8~1.0	4	0.6	5	1	—	—
		麻叶绣线菊	0.8~1.0	4	0.8~1.0	5	1	—	—
		猥实	0.8~1.0	3	0.8~1.0	7	1	—	—
	单干型	绿花紫薇	1.5~2.0	3~5	0.8	5	1	—	3~4
		榆叶梅	1.0~1.5	5	0.8	5	1	—	3~4
		白丁香	1.5~2.0	3~5	0.8	5	1	—	3~4
		碧桃	1.5~2.0	4	0.8	5	1	—	3~4
	蔓生型	连翘	0.5~1.0	1~3	0.8	5	—	1.0~1.5	—
		迎春	0.4~1.0	1~2	0.5	5	—	0.6~0.8	—

3)藤木类常用苗木产品主要规格质量标准见表 3.38。

表 3.38　藤木类常用苗木产品主要规格质量标准

类型	树种	苗龄/a	分支数/支	主蔓径/cm	主蔓长/m	移植次数/次
常绿藤木	金银花	3~4	3	0.3	1.0	1
	络石	3~4	3	0.3	1.0	1
	常春藤	3	3	0.3	1.0	1
	鸡血藤	3	2~3	1.0	1.5	1
	扶芳藤	3~4	3	1.0	1.0	1
	三角花	3~4	4~5	1.0	1.0~1.5	1
	木香	3	3	0.8	1.2	1
落叶藤木	猕猴桃	3	4~5	0.5	2~3	1
	南蛇藤	3	4~5	0.5	1	1
	紫藤	4	4~5	1.0	1.5	1
	爬山虎	1~2	3~4	0.5	2~2.5	1
	野蔷薇	1~2	3	1.0	1.0	1
	凌霄	3	4~5	0.8	1.5	1
	葡萄	3	4~5	1.0	2~3	1

4)竹类常用苗木产品主要规格质量标准见表 3.39。

表 3.39　竹类常用苗木产品主要规格质量标准

类型	竹种	苗龄/ a	母竹分支 数/支	竹鞭长/ m	竹鞭个数/ 个	竹鞭芽眼数/ 个
散生竹	紫竹	2~3	2~3	>0.3	>2	>2
	毛竹	2~3	2~3	>0.3	>2	>2
	方竹	2~3	2~3	>0.3	>2	>2
	淡竹	2~3	2~3	>0.3	>2	>2

续表 3.39

类型	竹种	苗龄/a	母竹分支数/支	竹鞭长/m	竹鞭个数/个	竹鞭芽眼数/个
丛生竹	佛肚竹	2~3	1~2	>0.3	—	2
	凤凰竹	2~3	1~2	>0.3	—	2
	粉箪竹	2~3	1~2	>0.3	—	2
	撑篙竹	2~3	1~2	>0.3	—	2
	黄金间碧竹	3	2~3	>0.3	—	2
混生竹	倭竹	2~3	2~3	>0.3	—	>1
	苦竹	2~3	2~3	>0.3	—	>1
	阔叶箬竹	2~3	2~3	>0.3	—	>1

5)棕榈类等特种苗木产品主要规格质量标准见表 3.40。

表 3.40 棕榈类等特种苗木产品主要规格质量标准

类型	树种	树高/m	灌高/m	树龄/a	基径/cm	冠径/m	蓬径/m	移植次数/次
乔木型	棕榈	0.6~0.8	—	7~8	6~8	1	—	2
	椰子	1.5~2.0	—	4~5	15~20	1	—	2
	王棕	1.0~2.0	—	5~6	6~10	1	—	2
	假槟榔	1.0~1.5	—	4~5	6~10	1	—	2
	长叶刺葵	0.8~1.0	—	4~6	6~8	1	—	2
	油棕	0.8~1.0	—	4~5	6~10	1	—	2
	薄葵	0.6~0.8	—	8~10	10~12	1	—	2
	鱼尾葵	1.0~1.5	—	4~6	6~8	1	—	2
灌木型	棕竹	—	0.6~0.8	5~6	—	—	0.6	2
	散尾葵	—	0.8~1	4~6	—	—	0.8	2

(2)球根花卉种球质量标准。

1)球根花卉种球分类的质量标准应符合表 3.41 的要求。

表 3.41 球根花卉种球分类质量要求

质量要求	鳞茎类	球茎类	块茎类	根茎类	块根类
外观整体质量要求	充实,不腐烂,不干瘪	充实,不腐烂,不干瘪	充实,不腐烂,不干瘪	充实,不腐烂,不干瘪	充实,不腐烂,不干瘪
牙眼芽体质量要求	中心胚芽不损坏,肉质鳞片排列紧密	主芽不损坏	主芽眼不损坏	主芽芽体不损坏	根茎部不损坏
外轭危害	无病虫危害	无病虫危害	无病虫危害	无病虫危害	无病虫危害
外因污染	干净,无农药、肥料残留	无农药、肥料残留	无农药、肥料残留	干净,无农药、肥料残留	干净,无农药、肥料残留
种皮、外膜质量要求	有皮膜的皮膜保存无损(水仙除外);无皮膜的鳞片叶完整无缺损,鳞茎盘无缺损,无凹底	外膜皮无缺损	—	—	—

2)鳞茎类种球规格等级标准应符合表 3.42 的要求。

表 3.42　鳞茎类种球产品规格等级标准　　　　cm

编号	中文名称	科属	最小圆周	种球圆周长规格等级					最小直径	备注
				1级	2级	3级	4级	5级		
1	百合	百合科百合属	16	24⁺	22/24	20/22	18/20	16/18	5	直径5
2	卷丹	百合科百合属	14	20⁺	18/20	16/18	14/16	—	4.5	—
3	麝香百合	百合科百合属	16	24⁺	22/24	20/22	18/20	16/18	5	
4	川百合	百合科百合属	12	18⁺	16/18	14/16	12/14	—	4	
5	湖北百合	百合科百合属	16	22⁺	20/22	18/20	16/18	—	5	直径17
6	兰州百合	百合科百合属	12	17⁺	16/18	15/16	14/15	13/14	4	为"川百合"之变种
7	郁金香	百合科郁金香属	8	20⁺	18/20	16/18	14/16	12/14	2.5	有皮
8	风信子	百合科风信子属	14	20⁺	18/20	16/18	14/16	—	4.5	有皮
9	网球花	百合科网球花属	12	20⁺	18/20	16/18	14/16	12/14	4	有皮
10	中国水仙	石蒜科水仙属	15	24⁺	22/24	20/22	18/20	—	4.5	又名"金盏水仙"，有皮，25.5⁺为特级
11	喇叭水仙	石蒜科水仙属	10	18⁺	16/18	14/16	12/14	10/12	3.5	又名"洋水仙"、"漏斗水仙"，有皮
12	口红水仙	石蒜科水仙属	9	13⁺	11/13	9/11		—	3	又名"红口水仙"，有皮
13	中国石蒜	石蒜科石蒜属	7	13⁺	11/13	9/11	7/9	—	2	有皮
14	忽地笑	石蒜科石蒜属	12	18⁺	16/18	14/16	12/19	—	3.5	直径6，有皮，黑褐色
15	石蒜	石蒜科石蒜属	5	11⁺	9/11	7/9	5/7		1.5	有皮
16	葱莲	石蒜科葱莲属	5	17⁺	11/17	9/11	7/9	5/7	1.5	又名"葱兰"，有皮
17	韭莲	石蒜科葱莲属	5	11⁺	9/11	7/9	5/7	—	1.5	又名"韭菜兰"，有皮

续表 3.42

编号	中文名称	科属	最小圆周	种球圆周长规格等级					最小直径	备注
				1级	2级	3级	4级	5级		
18	花朱顶红	石蒜科孤挺花属	16	24^+	22/24	20/22	18/20	16/18	5	有皮
19	文殊兰	石蒜科文殊兰属	14	20^+	18/20	16/18	14/16	—	4.5	有皮
20	蜘蛛兰	石蒜科蜘蛛兰属	20	30^+	28/30	20/25	24/26	22/24	6	有皮
21	西班牙鸢尾	鸢尾科鸢尾属	8	16^+	14/16	12/14	10/12	8/10	2.5	有皮
22	荷兰鸢尾	鸢尾科鸢尾属	8	16^+	14/16	12/14	10/12	8/10	2.5	有皮

注:"规格等级"栏中 24^+ 表示在 24 cm 以上为 1 级,22/24 表示在 22~24 cm 为 2 级,以下依此类推。

根茎类种球规格等级标准应符合表 3.43 和表 3.44 的要求。

表 3.43　根茎类种球产品规格等级标准表(一)　　　　cm

编号	中文名称	科属	最小圆周	种球圆周长规格等级					最小直径	备注
				1级	2级	3级	4级	5级		
1	西伯利亚鸢属	鸢尾科鸢尾属	5	10^+	9/10	8/9	7/8	6/7	1.5	—
2	德国鸢属	鸢尾科尾属	5	9^+	7/9	5/7	—	—	1.5	—

表 3.44　根茎类种球产品规格等级标准表(二)　　　　cm

编号	中文名称	科属	根茎规格等级					备注
			1级	2级	3级	4级	5级	
1	荷花	睡莲科莲属	主枝或侧枝,具侧芽,2~3节间,尾端有节	主枝或侧枝,具顶芽,2节间,尾端有节	主枝或侧枝,具侧芽,1节间,尾端有节	2~3级侧枝,具侧芽,2~3节间,尾端有节	主枝或侧枝,具侧芽,2节间,尾端有节	莲属另一种,N. Lotea 与 N. nucifera 相同
2	睡莲	睡莲科睡莲属	具侧芽,最短5,最小直径2.5	具侧芽,最短3,最小直径2	具侧芽,最短2,最小直径1	—	—	同属各种均略同

球茎类种球规格等级标准应符合表 3.45 的要求。

表 3.45 球茎类产品规格等级标准 cm

编号	中文名称	科 属	最小圆周	种球圆周长规格等级					最小直径	备注
				1 级	2 级	3 级	4 级	5 级		
1	唐菖蒲	鸢尾科唐菖属	8	18+	16/18	14/16	12/14	10/12	2.5	—
2	小苍兰	鸢尾科香雪兰属	3	11+	9/11	7/9	5/7	3/5	1.5	又名"香雪兰"
3	番红花	鸢尾科番红花属	5	11+	9/11	7/9	5/7	—	1.5	—
4	高加索番红花	鸢尾科番红花属	7	12+	11/12	10/11	9/10	8/9	2	又名"金钱番红花"
5	美丽番红花	鸢尾科番红花属	5	9+	7/9	5/7	—	1.5	—	—
6	秋水仙	百合科秋水仙属	13	16+	15/16	14/15	13/14	—	3.5	外皮黑褐色
7	晚香玉	百合科晚香玉属	8	16+	14/16	12/14	10/12	8/10	2.5	—

块茎类、块根类种球规格等级标准应符合表 3.46 的要求。

表 3.46 块茎类、块根类种球规格等级标准 cm

编号	中文名称	科 属	最小圆周	种球圆周长规格等级					最小直径	备注
				1 级	2 级	3 级	4 级	5 级		
1	花毛茛	毛茛科毛茛属	3.5	13+	11/13	9/11	13+	7/9	1.0	—
2	马蹄莲	天南星科马蹄莲属	12	20+	18/20	16/18	14/16	12/14	4	—
3	花叶芋	天南星科五彩芋属	10	16+	14/16	12/14	10/12	—	3	—
4	球根秋海棠	秋海棠科秋海棠属	10	16+	14/16	12/14	10/12	—	3	6+、5/6 4/5、3/4
5	大丽花	菊科大丽花属	3.2	—	—	—	—	—	1	2+、1.5/2 1/1.5、1

3.3.3 绿地喷灌工程

喷灌技术参数见表 3.47。

表 3.47 喷灌技术参数

技术参数	内 容
喷灌强度	即单位时间内喷洒在控制面上的水深,其常用单位"mm/h"。在实际中,计算喷灌强度应大于平均喷灌强度。这是因为系统喷灌的水不可能没有损失地全部喷洒到地面。喷灌时的蒸发、受风后雨滴的漂移及作物茎叶的截留都会使实际落到地面的水量减少

续表 3.47

技术参数	内　容
水滴打击强度	是指单位受雨面积内,水滴对土壤或植物的打击动能,它与喷头喷出来的水滴的质量、降雨速度和密度(落在单位面积上水滴的数目)有关。由于测量水滴打击强度比较复杂,测量水滴直径的大小也较困难,所以在使用或设计喷灌系统时多用雾化指标法。我国实践证明,质量好的喷头 pd 值在 2 500 以上,可适用于一般大田作物,而对蔬菜及大田作物幼苗期,pd 值应大于 3 500。园林植物所需要的雾化指标可以参考使用
喷灌均匀度	是指在喷灌面积上水量分布的均匀程度。它是衡量喷灌质量好坏的主要指标之一。它与喷头结构、工作压力、喷头组合形式、喷头间距、喷头转速的均匀性、竖管的倾斜度、地面坡度、风速及风向等因素有关

3.4　园林绿化工程工程量计算实例

【例3.2】 如图 3.17 所示为某屋顶花园,各尺寸如图所示,求屋顶花园基底处理工程量(找平层厚 170 mm,防水层厚 160 mm,过滤层厚 60 mm,需填轻质土壤 170 mm)。

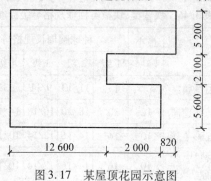

图 3.17　某屋顶花园示意图

【解】　$S/\text{m}^2 = (12.6+2.0+0.82)\times5+12.6\times2.1+(12.6+2.0)\times5.6=185.32$

按设计图示尺寸以面积计算。

清单工程量计算见表 3.48。

表 3.48　清单工程量计算表

项目编码	项目名称	项目特征描述	计量单位	工程量
050101007001	屋顶花园基底处理	找平层厚 170 mm,防水层厚 160 mm,过滤层厚 60 mm,需填轻质土壤 170 mm	m²	185.32

【例3.3】 某地为了扩建需要,需将图 3.18 绿地上的植物进行挖掘、清除,求其工程量。

【解】 (1)伐树、挖树根(树干胸径均在 30 cm 以内)。

银杏　5 株　五角枫　4 株

白蜡　3 株　白玉兰　3 株

木槿　3 株

以上均按估算数量计算。

（2）砍挖灌木丛。

紫叶小檗　480 株丛　（按估算数量
计算）（丛高 1.6 m）

大叶黄杨　360 株丛　（按估算数量
计算）（丛高 2.5 m）

（3）挖竹根。

竹林　160 株丛　（按估算数量计
算）（根直径 10 cm）

（4）挖芦苇根。

芦苇根 10 m²　（按估算数量计算）
（丛高 1.8 m）

（5）清除草皮。

白三叶草及缀花小草 120 m²（按估算
面积计算）（丛高 0.6 m）

清单工程量计算见表 3.49。

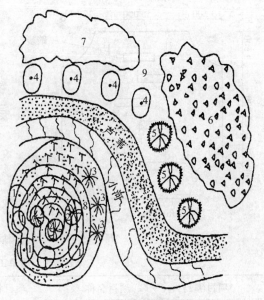

图 3.18　某绿地局部示意图

1—银杏；2—白蜡；3—白玉兰；4—五角枫；5—槿；
6—紫叶小檗；7—大叶黄杨；8—白三叶及缀花小草；
9—竹林

表 3.49　清单工程量计算表

序号	项目编码	项目名称	项目特征描述	计量单位	工程量
1	050101001001	伐树、挖树根	树干胸径均在 30 cm 以内	株	18
2	050101002001	砍挖灌木丛	丛高 1.6 m	株丛	480
3	050101002002	砍挖灌木丛	丛高 2.5 m	株丛	360
4	050101003001	挖竹根	根盘直径 10 cm	株丛	160
5	050101004001	挖芦苇根	丛高 1.8 m	m²	10
6	050101005001	清除草皮	丛高 0.6 m	m²	120

【例 3.4】　如图 3.19 所示为某公司局部绿化示意图，整体为草地及踏步，踏步厚度
为 110 mm，灰土厚度为 250 mm，其他尺寸见图中标注，求铺植的草坪工程量、踏步现浇混
凝土的工程量及灰土垫层的工程量。

【解】　（1）铺植的草坪工程量：

查表 3.8，可知工程量计算规则按设计图示尺寸以面积计算，即

$$S/\mathrm{m}^2 = (3.5 \times 2 + 55)^2 - \frac{3.14 \times 3.5^2}{4} \times 4 - 0.9 \times 0.8 \times 6 =$$

$$3\,884 - 38.465 - 4.32 = 3\,801.22$$

清单工程量计算如表 3.50 所示。

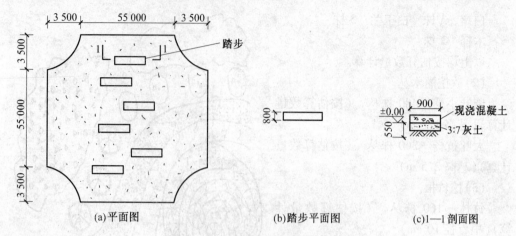

(a)平面图　　　　　　(b)踏步平面图　　　(c)1—1剖面图

图 3.19　某公园局部绿化示意图

表 3.50　清单工程量计算表

项目编码	项目名称	项目特征描述	计量单位	工程量
050102010001	铺种草皮	铺种草坪	m²	3 801.22

（2）踏步现浇混凝土的工程量：查《建设工程工程量清单计价规范》（GB 50500—2008）中表 A.4.7 可知工程量计算规则按设计图示尺寸以体积计算，即

$$V/\mathrm{m}^3 = Sh = 0.9 \times 0.8 \times 0.11 \times 6 = 0.48$$

清单工程量计算见表 3.51。

表 3.51　清单工程量计算表

项目编码	项目名称	项目特征描述	计量单位	工程量
010407001001	其他构件	现浇混凝土踏步	m³	0.48

（3）灰土垫层的工程量：查《建设工程工程量清单计价规范》（GB 50500—2008）中表 A.4.1 可知工程量计算规则按设计图示尺寸以体积计算，即

$$3:7\ \text{灰土垫层工程量}/\mathrm{m}^3 = 0.9 \times 0.8 \times 0.25 = 0.18$$

清单工程量计算见表 3.52。

表 3.52　清单工程量计算表

项目编码	项目名称	项目特征描述	计量单位	工程量
010401006001	垫层	3：7 灰土垫层	m³	0.18

【例 3.5】　如图 3.20 所示为某局部绿化示意图，共有 4 个入口，有 4 个一样大小的模纹花坛，求铺种草皮工程量、模纹种植工程量（养护期为两年）。

【解】　查表 3.8，可知工程量计算规则按设计图示尺寸以面积计算。

（1）铺种草皮清单工程量：

$$S/\mathrm{m}^2 = 50 \times 35 + 60 \times 35 + 60 \times 30 + 50 \times 30 - 4.5 \times 3 \times 4 =$$
$$1\ 750 + 2\ 100 + 1\ 800 + 1\ 500 - 54 =$$
$$7\ 096.00$$

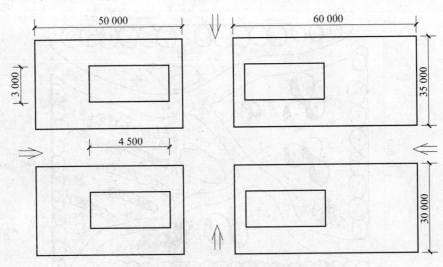

图 3.20　某局部绿化示意图

(2)模纹种植清单工程量:

$$S/m^2 = 4.5 \times 3 \times 4 = 54.00$$

清单工程量计算见表 3.53。

表 3.53　清单工程量计算表

序号	项目编码	项目名称	项目特征描述	计量单位	工程量
1	050102010001	铺种草皮	养护两年	m²	7096.00
2	050102001001	喷播植草	养护两年	m²	54.00

【例 3.6】　如图 3.21 所示为一个绿化用地,该地为一个不太规则的绿地,各尺寸在图中已标出,求工程量(二类土)。

【解】　查表 3.7 可知,工程量计算规则按设计图示尺寸以面积计算,即

$$S/m^2 = (51+21) \times (22+23) \times \frac{1}{2} - \frac{1}{2} \times 21 \times 23 =$$

$$75 \times 45 / 2 - 241.5 =$$

$$1\,620 - 241.5 =$$

$$1\,378.5$$

清单工程量计算见表 3.54。

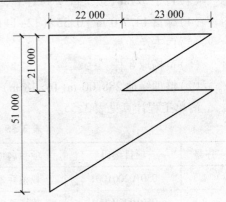

图 3.21　绿化用地示意图

注:整理厚度±20 cm

表 3.54　清单工程量计算表

项目编码	项目名称	项目特征描述	计量单位	工程量
050101006001	整理绿化用地	二类土	m²	1 378.50

【例 3.7】　如图 3.22 所示为一个局部绿化示意图,共有 6 种植物,在图中已有所标注,其中绿篱共有 3 排,弧长见图中标记,宽度均为 350 mm,求绿化工程量(三类土)。

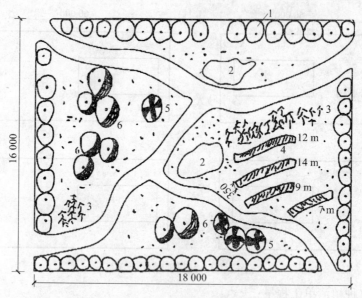

图 3.22　局部绿化示意图

1—国槐;2—迎春(26 m²);3—竹子(32 m²);4—绿篱;5—白玉兰;6—黄杨球

【解】 绿化在园林中占有重要作用,而绿化工程量也是工程量清单中重要的组成部分,根据工程量清单计价规范可知以下内容。

(1)园槐 54 株。

(2)迎春 26 m²(按 1 m² 2 株计算,约 52 株)。

(3)竹子 32 m²(按 1 m² 2 株计算,约 64 株,竹子胸径 10 cm)。

(4)绿篱 14.7 0 m²[0.35×(12+14+9+7)m]。

(5)白玉兰 4 株。

(6)黄杨球 8 株。

(7)整理绿地 288.00 m(16×18 m)。

清单工程计算见表 3.55。

表 3.55　清单工程量计算表

序号	项目编码	项目名称	项目特征描述	计量单位	工程量
1	050102001001	栽植乔木	国槐	株	54.00
2	050102004001	栽植灌木	迎春	株	52.00
3	050102002001	栽植竹类	胸径 10 cm	株	64.00
4	050102005001	栽植绿篱	4 排	m²	14.70
5	050102008001	栽植花卉	白玉兰	株	4.00
6	050102004002	栽植灌木	黄杨球	株	8.00
7	050101006001	整理绿化用地	三类土	m²	288.00

【例 3.8】　某公园绿地,共栽植广玉兰 38 株(胸径 7～8 cm),旱柳 83 株(胸径 9～

10 cm),如图 3.23 所示。试计算工程量,并填写分部分项工程量清单与计价表和工程量清单综合单价分析表。

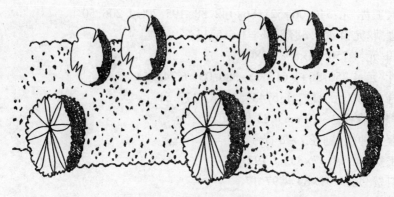

图 3.23　种植示意图

【解】　根据施工图计算可知:

广玉兰(胸径 7~8 cm),38 珠,旱柳(胸径 9~10 cm),83 株,共 121 株。

(1)广玉兰(胸径 7~8 cm),38 珠:

1)普坚土种植(胸径 7~8 cm)。

①人工费/元:14.37×38=546.06

②材料费/元:5.99×38=227.62

③机械费/元:0.34×38=12.92

④合计/元:546.06+227.62+12.92=786.60

2)普坚土掘苗,胸径 10 cm 以内。

①人工费/元:8.47×38=321.86

②材料费/元:0.17×38=6.46

③机械费/元:0.20×38=7.60

④合计/元:321.86+6.46+7.60=335.92

3)裸根乔木客土(100×70),胸径 7~10 cm。

①人工费/元:3.76×38=142.88

②材料费/元:0.55×38×5=104.50

③机械费/元:0.07×38=2.66

④合计/元:142.88+104.50+2.66=250.04

4)场外动苗,胸径 10 cm 以内,38 株。

①人工费/元:5.15×38=195.70

②材料费/元:0.24×38=9.12

③机械费/元:7.00×38=266.00

④合计/元:195.70+9.12+266.00=470.82

5)广玉兰(胸径 7~8 cm)。

①材料费/元:76.5×38=2 907.00

②合计/元:2 907.00

6)综合。

①直接费小计/元:786.60+335.92+250.04+470.82+2 907.00=4 750.38

其中人工费/元:546.06+321.86+142.88+195.70=1 206.50

②管理费/元:4 750.38×34%=1 615.13

③利润/元:4 750.38×8%=380.03

④小计/元:4 750.38+1 615.13+380.03=6 745.54

⑤综合单价/(元·株$^{-1}$):6745.54÷38=177.51

(2)旱柳(胸径9~10 cm),83 株/元:

1)普坚土种植(胸径7~8 cm)。

①人工费/元:14.37×83=1 192.71

②材料费/元:5.99×83=497.17

③机械费/元:0.34×83=28.22

④合计/元:1192.71+497.17+28.22=1 718.10

2)普坚土掘苗,胸径10 cm 以内。

①人工费/元:8.47×83=703.01

②材料费/元:0.17×83=14.11

③机械费/元:0.20×83=16.60

④合计/元:703.01+14.11+16.60=733.72

3)裸根乔木客土(100×70),胸径7~10 cm。

①人工费/元:3.76×83=312.08

②材料费/元:0.55×83×5=228.25

③机械费/元:0.07×83=5.81

④合计/元:312.08+228.25+5.81=546.14

4)场外动苗,胸径10 cm 以内,38 株。

①人工费/元:5.15×83=427.45

②材料费/元:0.24×83=19.92

③机械费/元:7.00×83=581.00

④合计/元:427.45+19.92+581.00=1 028.37

5)旱柳(胸径9~10 cm)。

①材料费/元:28.8×83=2 390.40

②合计/元:2 390.40

6)综合。

①直接费小计/元:1 718.10+733.72+546.14+1 028.37+2 390.40=6 416.73

其中人工费/元:1 192.71+703.01+312.08+427.45=2 635.25

②管理费/元:6 416.73×34%=2 181.69

③利润/元:6 416.73×8%=513.34

④小计/元:6 416.73+2 181.69+513.34=9 111.76

⑤综合单价(元·株$^{-1}$):9 111.76÷83=109.78

其分部分项工程量清单与计价表及工程量清单综合单价分析表,见表 3.56 ~ 3.58。

表 3.56　分部分项工程量清单与计价表

工程名称:公园绿地　　　　　　　　标段　　　　　　　　第　页　共　页

序号	项目编码	项目名称	项目特征描述	计量单位	工程量	金额/元	
						综合单价	合价
1	050102001001	栽植乔木	广玉兰,胸径 7 ~ 8 cm	株	38	177.51	6 745.54
2	050102001002	栽植乔木	旱柳,胸径 9 ~ 10 cm	株	83	109.78	9111.76
本页小计							15 857.30
合计							15 857.30

表 3.57　工程量清单综合单价分析表

工程名称:公园绿地　　　　　　　　标段　　　　　　　　第　页　共　页

项目编号	050102001001	项目名称	栽植乔木	计量单位	株

清单综合单价组成明细

定额编号	定额名称	定额单位	数量	单价/元			合价/元			
				人工费	材料费	机械费	人工费	材料费	机械费	管理费和利润
2-3	普坚土种植,胸径 10 cm 以内	株	38	14.37	5.99	0.34	546.06	227.62	12.92	330.37
3-1	普坚土掘苗,胸径 10 cm 以内	株	38	8.47	0.17	0.20	321.86	6.46	7.60	141.09
3-25	场外运苗,胸径 10 cm 以内	株	38	5.15	0.24	7.00	195.70	9.12	266.00	197.74
4-3	裸根乔木客土(100×70),胸径 10 cm 以内	株	38	3.76	—	0.07	142.88	—	2.66	61.13
4939001	阔瓣玉兰,胸径 10 cm 以内	株	38	—	76.5	—	—	2 907		1 220.94
人工单价/(元·工日⁻¹)		小计					1 206.5	3 150.2	289.18	1 951.27
30.81		未计价材料费/元					104.5			
清单项目综合单价							177.51			

材料费明细	主要材料名称、规格、型号	单位	数量	单价/元	合价/元	暂估单价/元	暂估合价/元
	土	m³	20.9	5.00	104.5	—	—
	其他材料费				—		—
	材料费小计				—	104.5	—	—

注:1.本表采用《某市建设工程预算定额》——绿化工程定额及《某市建设工程材料预算价格》定额。

2.管理费费率采用34%,利润率采用8%。

表3.58 工程量清单综合单价分析表

项目编号	050102001001	项目名称	栽植乔木	计量单位	株

清单综合单价组成明细

定额编号	定额名称	定额单位	数量	单价/元			合价/元			
				人工费	材料费	机械费	人工费	材料费	机械费	管理费和利润
2-3	普坚土种植,胸径10 cm以内	株	83	14.37	5.99	0.34	1 192.71	497.17	28.22	721.60
3-1	普坚土掘苗,胸径10 cm以内	株	83	8.47	0.17	0.20	703.10	14.11	16.60	308.16
3-25	场外运苗,胸径10 cm以内	株	83	5.15	0.24	7.00	427.45	19.92	581.00	431.92
4-3	裸根乔木客土(100×70),胸径10 cm以内	株	83	3.76	—	0.07	312.08	—	5.81	133.51
4703010	馒头柳,胸径9~10 cm以内	株	83	—	28.80	—	—	2390.40	—	1 003.97
人工单价/(元·工日⁻¹)			小计				2 635.25	2 921.6	631.63	2 465.65
30.81			未计价材料费/元				228.25			
清单项目综合单价							109.78			

材料费明细	主要材料名称、规格、型号	单位	数量	单价/元	合价/元	暂估单价/元	暂估合价/元
	土	m³	45.65	5.00	228.25	—	—
	其他材料费			—		—	—
	材料费小计			—	228.25	—	—

注:1.本表采用《某市建设工程预算定额》——绿化工程定额及《某市建设工程材料预算价格》定额。

2.管理费费率采用34%,利润率采用8%。

【例3.9】 某广场绿地要做一个双层花台,其结构如图3.24所示,求该花台的分部分项工程量。

【解】 (1)人工挖地槽工程量/m³=基础的面积×高=

$$2.6×2.6×(0.12+0.2+0.2+0.15)=$$
$$4.53$$

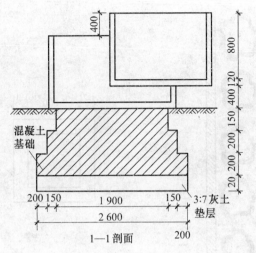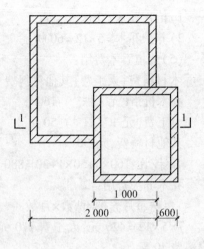

图 3.24　双层花台示意图

(2)3∶7 灰土垫层工程量/m³=灰土垫层面积×高=

2.6×2.6×0.12=

0.81

(3)混凝土基础的工程量/m³=混凝土基础的体积=

2.6×2.6×0.2+2.2×2.2×0.2+1.9×1.9×0.15=

1.352+0.968+0.541 5=

2.86

(4)混凝土池壁工程量/m³=$V_{扩大池底}$+$V_{小池底}$+$V_{大池池壁}$+$V_{小池池壁}$=

2×2×0.12+1.6×1.6×0.12+2×0.8×0.12×4+

1.6×0.8×0.12×4-(0.4+1)×0.12×0.81=

0.48+0.307 2+0.768+0.614 4-0.136=

2.03

(5)池面贴大理石工程量/m²=大池的表面积+小池表面积-多算那部分的面积=

2×1.32×4+1.6×0.8×4-(1+0.4)×0.8=

10.56+5.12-1.12=14.56

【例 3.10】　某场地要栽植 5 株黄山栾(胸径 5.6~7 cm,高 4.0~5 m,球径 60 cm,定杆高 3~3.5 m),种植在 4 m×40 m 的区域内,树下铺植草坪,养护乔木为 1 年,如图 3.25 所示。计算各分部分项工程量。

【解】　(1)草坪面积为

$$S_{草}/m^2=S_{总}-S_{树池}=4×40-(1+0.125+2)^2×5=152.19$$

(2)草坪铺植工程量为

$$工程量=清单计价综合单价×S_{草}$$

(3)树池的工程量为

$$V/m^3=(1+0.125)×4×0.06×5×0.125=1.35×0.125=0.17$$

(4)植物栽植计算工程量:

1)植物乔木=5 株

2)养护乔木=5×12=60 株

(5)栽植乔木费用:

乔木材料费+人工费+其他材料费

乔木价格(元·株$^{-1}$):160

人工费(元·工日$^{-1}$):50

其他材料费/元:30

合计/元:160×5+50×1+30=880

乔木养护费用:

　　每株每月养护×株数×月数

7×5×12=420 元,人工费 170 元,材料费 40 元。

　　合计:人工费:220 元/工日,材料费:870 元

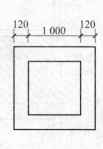

(a)种植带　　　　　　(b)树池

图 3.25　某场地种植示意图

分部分项工程量清单表见表 3.59。

表 3.59　分部分项工程量清单表

工程名称:××××绿化工程　　　　　　　　　标段　　　　　　　　　第　页　共　页

序号	项目编码	项目名称	项目特征描述	计量单位	工程量	金额/元		
						综合单价	合价	其中:暂估价
1	050102001001	栽植乔木	黄山栾,胸径 5.6 ~ 7 cm,高 4.0 ~ 5 m,球径 60 cm,养护期 1 年	株	5	345.8	1 729	—
2	0201020010001	铺种草皮	草坪铺设	m²	152.19	—	—	—

综合:

直接费用合计/元:880+420=1 300

管理费/元:直接费×管理费率=1 300×25%=325

　　　　　　利润/元=直接费×8%=1 300×8%=104

总计/元:1 729

综合单价/元:总价/工程数量=345.8

【例 3.11】　某广场园路,面积 144 m²,垫层厚度、宽度、材料种类:混凝土垫层宽 2.5 m,厚 120 mm;路面厚度、宽度、材料种类:水泥砖路面,宽 2.5 m;混凝土、砂浆强度等级:C20 混凝土垫层,M5 混合砂浆结合层。试计算工程量,并填写分部分项工程量清单计价表和工程量清单综合单价分析表。

【解】　投标人计算(按单价)如下:

(1)园路土基,整理路床工程量为 43.2 m³(按 30 cm 厚计算)。

1)人工费/元:266.98

2)合计/元:298.94

（2）基础垫层（混凝土）工程量为 17.3 m³。

1)人工费/元:659.65

2)材料费/元:2 188.10

3)机械使用费/元:199.99

4)合计/元:3 047.74

（3）预制水泥方格砖面层（浆垫）工程量为 144 m²。

1)人工费/元:482.4

2)材料费/元:5 124.96

3)机械使用费/元:10.08

4)合计/元:5 617.44

（4）综合。

1)直接费用单价合计/元:62.25

2)管理费/元:直接费×16% =9.96

3)利润/元:直接费×12% =7.47

4)综合单价/元:79.68

5)总计/元:11 473.92

其分部分项工程量清单计价表及工程量清单综合单价分析表,见表 3.60 和表3.61。

表 3.60　分部分项工程量清单计价表

工程名称:某小区入口广场　　　　　　　　　　　　　　　　　　　　第　页 共　页

序号	项目编码	项目名称	项目特征描述	计量单位	工程量	金额/元		
						综合单价	合价	其中:暂估价
1	—	园路土基,整理路床	人工回添土,方添	m³	43.2	8.86	382.75	—
2	—	基础垫层（混凝土）	C20 混凝土垫层宽2.5 m, 厚 120 mm 包括现场搅拌混凝土	m³	17.3	225.50	3 901.15	—
3	—	预制水泥方格砖面层（浆垫）	—	m²	144	49.93	7 189.92	—
		本页小计					11 473.82	—
		合计					11 473.82	—

表 3.61 工程量清单综合单价分析表

工程名称：某小区入口广场　　　　　标段　　　　　　　　　　　　第 页 共 页

项目编号		项目名称				计量单位			

清单综合单价组成明细

定额编号	定额名称	定额单位	数量	单价/元			合价/元			
				人工费	材料费	机械费	人工费	材料费	机械费	管理费和利润
1—20	人工回添土,方添	m³	43.2	6.18	—	0.74	266.98	—	31.97	83.71
2—5	垫层素混凝土	m³	17.3	38.13	126.48	11.56	659.65	2 188.10	199.99	853.37
2—11	水泥方格砖路面	m²	144	3.35	35.59	0.07	482.4	5 124.96	10.08	1 572.88
人工单价			小计				2 635.25	2 921.6	631.63	2 465.65
25.73 元/工日			未计价材料费/元							
清单项目综合单价										

材料费明细	主要材料名称、规格、型号	单位	数量	单价/元	合价/元	暂估单价/元	暂估合价/元
	水泥方格砖(50×250×250)	块	2 304	2.20	5 068.80	2.22	5 114.88
	其他材料费						
	材料费小计						

【例 3.12】 某城市一公园步行木桥,桥面长 8 m、宽 2 m,桥板厚 30 mm,满铺平口对缝,采用木桩基础:原木梢径 φ80、长 6 m,共 17 根,横梁原木梢径 φ80、长 2 m,共 10 根,纵梁原木梢径 φ100、长 6 m,共 8 根。栏杆、栏杆柱、扶手、扫地杆、斜撑采用枋木 80 mm× 80 mm(刨光),栏杆高 900 mm。全部采用杉木。试计算工程量,并填写分部分项工程量清单与计价表和工程量清单综合单价分析表。

【解】 经业主根据施工图计算步行木桥工程量为 16.00 m²。

投标人计算如下:

(1)原木桩工程量(查原木材料表)为 0.64 m³。

1)人工费/元:28×21.6×0.64＝387.07

2)材料费/元:原木 830×0.64＝531.2

3)机械费/元:18.21×0.64＝531.2

4)合计/元:929.92

(2)原木横、纵梁工程量(查原木材料表)为 0.472 m³。

1)人工费/元:28×8.91×0.472＝117.75

2)材料费/元:原木:830×0.472＝391.76

扒钉/元:3.5×20.6＝72.1

小计/元:463.86

3)合计/元:581.61

(3)桥板工程量 5.415 m³,面积 16.00 m²。

1)人工费/元:28×5.85×16 = 2 620.8

2)材料费/元:板材 1 200×5.415 = 6 498

　　　　　铁钉 2.5×26 = 65

小计/元:6 563.00

3)合计/元:9 183.8

(4)栏杆、扶手、扫地杆、斜撑工程量 0.24 m³,面积 1.33 m²。

1)人工费/元:28×4.94×1.33 = 183.97

2)材料费/元:板材 1 200×0.24 = 288.00

　　　　　铁件 3.5×7.5 = 26.25

小计/元:314.25

3)合计/元:498.22

(5)综合。

1)直接费用合计:1 1193.55 元

2)管理费/元:直接费×25% = 2 798.39

3)利润/元:直接费×8% = 895.48

4)总计/元:1 4887.42

5)综合单价/(元·m⁻²):930.46

其分部分项工程量清单计价表及工程量清单综合单价分析表,见表 3.62 和表 3.63。

表 3.62　分部分项工程量清单计价表

工程名称:某公园　　　　　　　　　　　　　　　　　　　　　第 页 共 页

序号	项目编码	项目名称	项目特征描述	计量单位	工程量	金额/元		
						综合单价	合价	其中:暂估价
1	—	原木桩工程量	原木桩制作、施工	m³	0.64	1 932.49	1 236.79	—
2		原木横、纵梁工程量	原木横、纵梁制作安装	m³	0.472	1 638.86	773.54	—
3	—	桥板工程量	桥板制作安装	m²	16	763.40	12 214.4	—
4	—	栏杆、扶手、扫地杆、斜撑工程量	栏杆、扶手、扫地杆、斜撑制作安装	m²	1.33	498.22	662.63	—
本页小计							14 887.36	
合计							14 887.36	

表 3.63　工程量清单综合单价分析表

工程名称:某公园　　　　　标段　　　　　　　　　　　　　　　　　　　　第　页　共　页

项目编号	050201016001	项目名称	园林景观工程	计量单位	m²

清单综合单价组成明细

定额编号	定额名称	定额单位	数量	单价/元			合价/元			
				人工费	材料费	机械费	人工费	材料费	机械费	管理费和利润
1—28	人工打原木桩	m³	0.64	604.80	830	18.21	387.07	531.2	11.65	306.87
7—80	木步桥构件制作	m³	0.472	249.47	982.75	—	117.75	463.86		191.93
7—83 7—86	木步桥桥面板制安并磨平	m²	16	163.8	410.19	—	2 620.8	6 563.00	—	3 030.65
7—87	木步桥花栏杆	m²	1.33	138.32	236.28	—	183.97	314.25	—	164.41
人工单价			小计							
28 元/工日			未计价材料费/元							
清单项目综合单价/元										

	主要材料名称、规格、型号	单位	数量	单价/元	合价/元	暂估单价/元	暂估合价/元
材料费明细	木桩基础:原木梢径 φ80、长 6 m,共 17 根	m³	0.64	830 元/m³	531.2	—	—
	横梁原木梢径 φ80、长 2 m,共 10 根 纵梁原木梢径 φ100、长 6 m,共 8 根	m³	0.472	830 元/m³	391.76	—	—
	扒钉	kg	20.6	3.5 元/kg	72.1	—	—
	桥板宽 2 m,桥板厚 30 mm	m³	5.415	1 200 元/m³	6 498	—	—
	栏杆、栏杆柱、扶手、扫地杆、斜撑采用枋木 80 mm×80 mm(刨光)	m³	0.24	1 200 元/m³	288.00	—	—
	铁件	kg	7.5	3.5 元/kg	26.25	—	—
	其他材料费						
	材料费小计						

第4章 园路、园桥、假山工程识图与工程量清单计价

4.1 园路、园桥、假山工程识图

4.1.1 园路、园桥、假山工程常用识图图例

1. 园路及地面工程图例

园路及地面工程图例见表4.1。

表4.1 园路及地面工程图例

序号	名　称	图　例	说　明
1	道路		—
2	铺装路面		—
3	台阶		箭头指向表示向上
4	铺砌场地		也可依据设计形态表示

2. 驳岸挡土墙工程图例

驳岸挡土墙工程图例见表4.2。

表4.2 驳岸挡土墙工程图例

序号	名　称	图　例
1	护坡	
2	挡土墙	
3	驳岸	
4	台阶	
5	排水明沟	

续表 4.2

序号	名　称	图　例
6	有盖的排水沟	
7	天然石材	
8	毛石	
9	普通砖	
10	耐火砖	
11	空心砖	
12	饰面砖	
13	混凝土	
14	钢筋混凝土	
15	焦砟、矿渣	
16	金属	
17	松散材料	
18	木材	
19	胶合板	
20	石膏板	
21	多孔材料	
22	玻璃	
23	纤维材料或人造板	

4.1.2　园路、园桥、假山的构造及示意图

1. 园路

在园林工程中,园路的结构形式比较多,通常采用图 4.1 所示的结构形式。

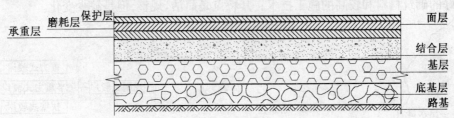

图 4.1　典型的道路面层结构

2. 桥面

桥面是指桥梁上构件的上表面。通常布置要求为线形平顺,与路线顺利搭接。城市桥梁在平面上宜做成直桥,特殊情况下可做成弯桥,若采用曲线形,应符合线路布设要求。桥梁平面布置应尽量采用正交方式,避免与河流或桥上路线斜交。若受条件限制,跨线桥斜度不宜超过 15°,在通航河流上不宜超过 15°。

桥梁桥面的一般构造如图 4.2 所示。

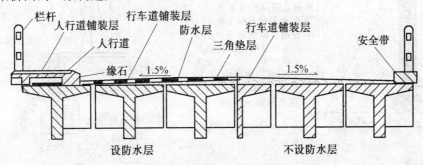

图 4.2　桥梁桥面的一般构造

3. 驳岸

驳岸是一面临水的挡土墙,是支持陆地和防止岸壁坍塌的水工构筑物。

由图 4.3 可见,驳岸可分为低水位以下部分,常水位至低水位部分、常水位与高水位之间部分和高水位以上部分。

高水位以上部分是不淹没部分,主要受风浪撞击和淘刷、日晒风化或超重荷载,致使下部坍塌,造成岸坡损坏。

常水位至高水位部分(B～A)属周期性淹没部分,多受风浪拍击和周期性冲刷,使水岸土壤遭冲刷而淤积水中,损坏岸线,影响景观。

常水位到低水位部分(B～C)是常年被淹部分,其主要是湖水浸渗冻胀,剪力破坏,风浪淘刷。我国北方地区因冬季结冻,常造成岸壁断裂或移位。有时因波浪淘刷,土壤被淘空后导致坍塌。

C 以下部分是驳岸基础,主要影响地基的强度。

(1)驳岸的造型。驳岸造型分类如图 4.4 所示。

1)规则式驳岸是用块石、砖、混凝土砌筑的几何形式的岸壁,例如常见的重力式驳岸、半重力式驳岸、扶壁式驳岸等如图 4.5 和图 4.6 所示。规则式驳岸多属永久性的,要求较好的砌筑材料和较高的施工技术。其特点是简洁、规整,但是缺少变化。

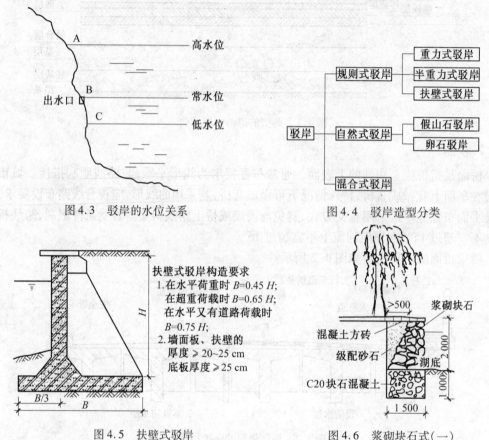

图 4.3　驳岸的水位关系　　　　图 4.4　驳岸造型分类

图 4.5　扶壁式驳岸　　　　图 4.6　浆砌块石式(一)

2)自然式驳岸是外观无固定形状或规格的岸坡处理,例如常用的假山石驳岸、卵石驳岸。这种驳岸自然堆砌,景观效果好。

3)混合式驳岸是规则式与自然式驳岸相结合的驳岸造型如图 4.7 所示。一般为毛石岸墙、自然山石岸顶。混合式驳岸易于施工,具有一定装饰性,适用于地形许可并且有一定装饰要求的湖岸。

(2)桩基类驳岸。桩基是我国古老的水工基础做法,在园林建设中得到广泛应用,至今仍是常用的一种水工地基处理手法。当地基表面为松土层且下层为坚实土层或基岩时最宜用桩基。

图 4.8 是桩基驳岸结构示意图,它由桩基、卡挡石、盖桩石、混凝土基础、墙身和压顶等几部分组成。卡挡石是桩间填充的石块,起保持木桩稳定的作用。盖桩石为桩顶浆砌的条石,作用是找平桩顶以便浇灌混凝土基础。基础以上部分与砌石类驳岸相同。

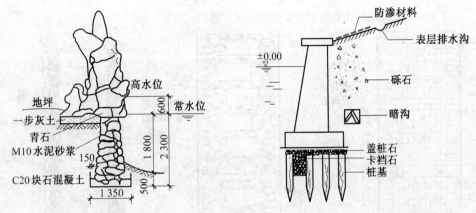

图 4.7　浆砌块石式(二)　　　　　　　图 4.8　桩基驳岸结构示意图

(3)竹篱驳岸、板墙驳岸。竹桩、板桩驳岸是另一种类型的桩基驳岸。驳岸打桩后，基础上部临水面墙身由竹篱(片)或板片镶嵌而成,适于临时性驳岸。竹篱驳岸造价低廉,取材容易,施工简单,工期短,能使用一定年限,凡盛产竹子,例如毛竹、大头竹、勤竹、撑篙竹的地方均可采用。施工时,竹桩、竹篱要涂上一层柏油,目的是防腐。竹桩顶端由竹节处截断以防雨水积聚,竹片镶嵌紧密牢固,如图4.9和图4.10所示。

由于竹篱缝很难做得密实,这种驳岸不耐风浪冲击、淘刷和游船撞击,岸土很容易被风浪淘刷,造成岸篱分开,最终失去护岸功能。所以,此类驳岸适用于风浪小,岸壁要求不高,土壤较黏的临时性护岸地段。

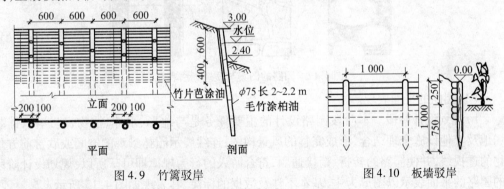

图 4.9　竹篱驳岸　　　　　　　　图 4.10　板墙驳岸

4.1.3　园路、园桥、假山的画法表现

1.园路的画法表现

园路在园林中的主要作用是引导游览、组织景色和划分空间。园路的美主要体现在园路子竖线条的流畅自然和路面的色彩、质感,图案的精美以及园路与所处环境的协调。园路按其性质和功能可分为主要园路、次要园路及游憩小路。

园林路面一般都会采用不同质地的材料进行图案装饰处理。设计师常会根据设计所采用的最典型的图案形式装饰画面。

(1)园路的铺装与效果。

1)花岗石文化石面铺装的平面与效果表现,如图4.11所示。

2)常见的园路铺装图案与质感,如图4.12所示。

图4.11　花岗石文化石面铺装平面

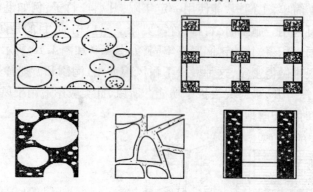

图4.12　园路的图案与质感画法表现

(2)园路的平面表现。

1)规划设计阶段。本阶段园路设计的主要任务是与地形、水体、植物、建筑物、铺装场地及其他设施合理结合,形成完整的风景构图;连续展示园林景观的空间或欣赏前方景物的透视线,并使园路的转折、衔接通顺,符合游人的行为规律即可。所以,规划设计阶段的园路的平面表示以图形为主,基本不涉及数据的标注,其表现如图4.13所示。

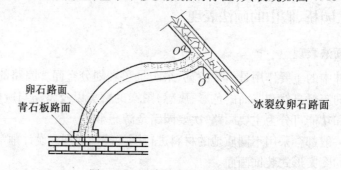

图4.13　园路平面图的画法表现

2)施工设计阶段。本阶段园路的平面表现主要是路面的纹样设计,如图4.14所示。

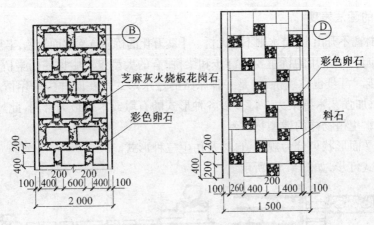

图 4.14　园路平面大样

（3）园路的断面表现。

1）横断面表示法。主要表现园路的横断面形式和设计横坡。这种做法主要应用在道路绿化设计中，如图 4.15 所示。

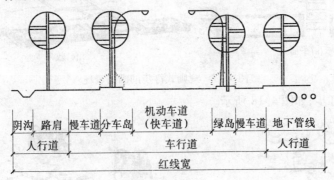

图 4.15　园路标准横断面图画法表现

2）园路结构断面表示法。主要表现园路各构造层的厚度与材料，通常通过图例和文字标注两部分表示，如图 4.16 所示。

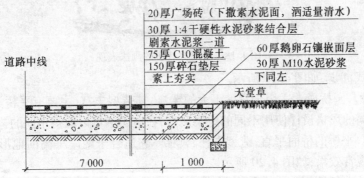

图 4.16　园路铺装结构断面图画法表现

2. 园桥的画法表现

中国园林离不开山水,有水则不能无桥。千变万化的桥能点缀水面景色,丰富园林景观。

一般的园林中常用的桥主要是汀步和梁桥,有的大型景观中也使用亭桥。

(1)汀步。汀步也称跳桥,它是一种原始的过水形式。在园林中采用情趣化的汀步,能丰富视觉,加强艺术感染力。汀步以各种形式的石墩或木桩最为常用,此外还有仿生的莲叶或其他水生植物样的造型物。

汀步按平面形状可分为规则、自然及仿生三种形式。

1)规则式汀步,如图 4.17 所示。

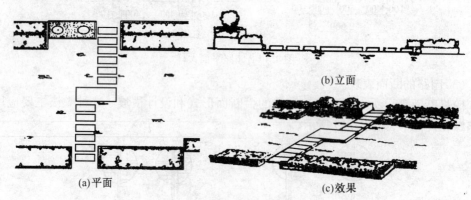

(b)立面

(a)平面　　　　　　　　(c)效果

图 4.17　规则式汀步的画法表现

2)自然式汀步,如图 4.18 所示。

图 4.18　自然式汀步的画法表现

3)仿生式汀步,如图 4.19 所示。

(2)园桥。园桥通常适用于宽度不大的溪流,其造型丰富,主要有平桥、曲桥、拱桥之分。根据不同的风格设计使用不同的桥梁造型,在造园中可以取得不同的艺术效果。

1)平桥。平桥的桥面平直,造型古朴、典雅。它适合于两岸等高的地形,可以获得最接近水面的观赏效果,如图 4.20 所示。

2)曲桥。曲桥造型丰富,桥面平坦但是曲折成趣,造型的感染力更为强大。曲桥为游人创造了更多的观赏角度,如图 4.21 所示。

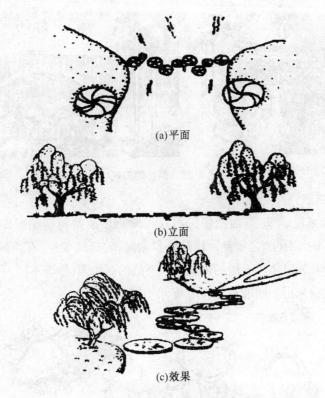

(a)平面

(b)立面

(c)效果

图 4.19 仿生式汀步的画法表现

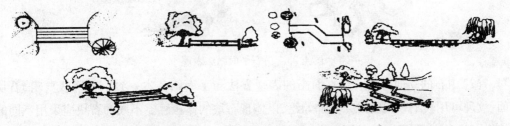

图 4.20 平桥的表现   图 4.21 曲桥的表现

3)拱桥。拱桥的桥身最富于立体感,它中间高、两头低。游人过桥的路线是纵向的变化。拱桥的造型变化丰富,在园林中也可以借鉴普通交通桥梁中的拱桥造型,如图4.22所示。

3. 山石的画法表现

在表现园林山石景观时,主要采用传统绘画的方式。来自于绘画的表现方法是非常丰富的,尤其在山石方面,技法更加丰富。山石的质感十分丰富,根据其机理和发育方向,在描绘平面、立面和效果表现时都用不同的线条组织方法来表现。

描绘顽石,或者以顽石为主的山体,通常采用调子描绘法。根据山势的结构变化和受光关系,采用相应的调子加以表达,形成丰富的调子,对比表达其结构变化。该方法完全采用素描的方式,表现力充分、感染力强。顽石的丰富变化在经过调子的表现以后,质感

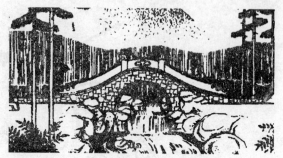

图4.22　拱桥的表现

和体量感都十分强烈。

　　(1)山石平面画法。平、立面图中的石块通常只用线条勾勒轮廓即可,很少采用光线、质感的表现方法,以免失之零乱。用线条勾勒时,轮廓线要粗,石块面、纹理可用较细较浅的线条稍加勾绘,以体现石块的体积感。不同的石块,其纹理不同,有的圆浑、有的棱角分明,在表现时应采用不同的笔触和线条,如图4.23所示。

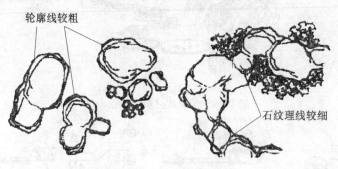

图4.23　山石平面画法表现

　　(2)山石的立面画法。其立面图的表现方法与平面图基本一致。轮廓线要粗,石块面、纹理可用较细较浅的线条稍加勾绘,以体现石块的体积感。不同的石块应采用不同的笔触和线条表现其纹理,如图4.24所示。

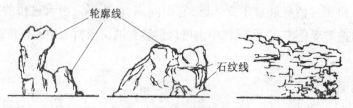

图4.24　山石的立面画法表现

　　(3)山石的剖面画法。剖面上的石块,轮廓线应用剖断线,石块剖面上还可加上斜纹线,如图4.25所示。

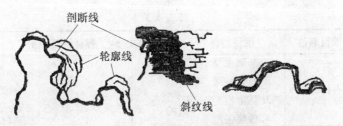

图 4.25　山石的剖面画法

4.2　园路、园桥、假山工程清单工程量计算规则

4.2.1　园路桥工程

园路桥工程工程量清单项目设置及工程量计算规则,应按表 4.3 的规定执行。

表 4.3　园路桥工程(编码:050201)

项目编码	项目名称	项目特征	计量单位	工程量计算规则	工程内容
050201001	园路	1. 垫层厚度、宽度、材料种类 2. 路面厚度、宽度、材料种类 3. 混凝土强度等级 4. 砂浆强度等级	m²	按设计图示尺寸以面积计算,不包括路牙	1. 园路路基、路床整理 2. 垫层铺筑 3. 路面铺筑 4. 路面养护
050201002	路牙铺设	1. 垫层厚度、材料种类 2. 路牙材料种类、规格 3. 混凝土强度等级 4. 砂浆强度等级	m	按设计图示尺寸以长度计算	1. 基层清理 2. 垫层铺设 3. 路牙铺设
050201003	树池围牙、盖板	1. 围牙材料种类、规格 2. 铺设方式 3. 盖板材料种类、规格			1. 清理基层 2. 围牙、盖板运输 3. 围牙、盖板铺设
050201004	嵌草砖铺装	1. 垫层厚度 2. 铺设方式 3. 嵌草砖品种、规格、颜色 4. 漏空部分填土要求	m²	按设计图示尺寸以面积计算	1. 原土夯实 2. 垫层铺设 3. 铺砖 4. 填土

续表 4.3

项目编码	项目名称	项目特征	计量单位	工程量计算规则	工程内容
050201005	石桥基础	1. 基础类型 2. 石料种类、规格 3. 混凝土强度等级 4. 砂浆强度等级	m³	按设计图示尺寸以体积计算	1. 垫层铺筑 2. 基础砌筑、浇筑 3. 砌石
050201006	石桥墩、石桥台	1. 石料种类、规格 2. 勾缝要求 3. 砂浆强度等级、配合比			1. 石料加工 2. 起重架搭、拆 3. 墩、台、旋石、旋脸砌筑 4. 勾缝
050201007	拱旋石制作、安装	1. 石料种类、规格 2. 旋脸雕刻要求 3. 勾缝要求 4. 砂浆强度等级、配合比			
050201008	石旋脸制作、安装		m²	按设计图示尺寸以面积计算	
050201009	金刚墙砌筑		m³	按设计图示尺寸以体积计算	1. 石料加工 2. 起重架搭、拆 3. 砌石 4. 填土夯实
050201010	石桥面铺筑	1. 石料种类、规格 2. 找来层厚度、材料种类 3. 勾缝要求 4. 混凝土强度等级 5. 砂浆强度等级	m²	按设计图示尺寸以长度或体积计算	1. 石材加工 2. 抹找平层 3. 起重架搭、拆 4. 桥面、桥面踏步铺设 5. 勾缝
050201011	石桥面檐板	1. 石料种类、规格 2. 勾缝要求 3. 砂浆强度等级、配合比			1. 石材加工 2. 檐板、仰天石、地伏石铺设 3. 铁锔、银锭安装 4. 勾缝
050201012	仰天石、地伏石		m(m³)	按设计图示尺寸以长度或体积计算	
050201013	石望柱	1. 石料种类、规格 2. 柱高、截面 3. 柱身雕刻要求 4. 柱头雕饰要求 5. 勾缝要求 6. 砂浆配合比	根	按设计图示数量计算	1. 石料加工 2. 柱身、柱头雕刻 3. 望柱安装 4. 勾缝
050201014	栏杆、扶手	1. 石料种类、规格 2. 栏杆、扶手截面 3. 勾缝要求 4. 砂浆配合比	m	按设计图示尺寸以长度计算	1. 石料加工 2. 栏杆、扶手安装 3. 铁锔、银锭安装 4. 勾缝

续表4.3

项目编码	项目名称	项目特征	计量单位	工程量计算规则	工程内容
050201015	栏板、撑鼓	1.石料种类、规格 2.栏板、撑鼓雕刻要求 3.勾缝要求 4.砂浆配合比	块(m²)	按设计图示数量或面积计算	1.石料加工 2.栏板、撑鼓雕刻 3.栏板、银锭安装 4.勾缝
050201016	木制步桥	1.桥宽度 2.桥长度 3.木材种类 4.各部件截面长度 5.防护材料种类	m²	按设计图示尺寸以桥面板长乘桥面板宽以面积计算	1.木桩加工 2.打木桩基础 3.木梁、木桥板、木桥栏杆、木扶手制作、安装 4.连接铁件、螺栓安装 5.刷防护材料

4.2.2　堆塑假山

堆塑假山工程量清单项目设置及工程量计算规则,应按表4.4的规定执行。

表4.4　堆塑假山(编码:050202)

项目编码	项目名称	项目特征	计量单位	工程量计算规则	工程内容
050202001	堆筑土山丘	1.土丘高度 2.土丘坡度要求 3.土丘底外接矩形面积	m³	按设计图示山丘水平投影外接矩形面积以高度的1/3以体积计算	1.取土 2.运土 3.堆砌、夯实 4.修整
050202002	堆砌石假山	1.堆砌高度 2.石料种类、单块重量 3.混凝土强度等级 4.砂浆强度等级、配合比	t	按设计图示尺寸以质量计算	1.选料 2.起重架搭、拆 3.堆砌、修整

续表 4.4

项目编码	项目名称	项目特征	计量单位	工程量计算规则	工程内容
050202003	塑假山	1. 假山高度 2. 骨架材料种类、规格 3. 山皮料种类 4. 混凝土强度等级 5. 砂浆强度等级、配合比 6. 防护材料种类	m²	按设计图示尺寸以展开面积计算	1. 骨架制作 2. 假山胎模制作 3. 塑假山 4. 山皮料安装 5. 刷防护材料
050202004	石笋	1. 石笋高度 2. 石笋材料种类 3. 砂浆强度等级、配合比	支		1. 选石料 2. 石笋安装
050202005	点风景石	1. 石料种类 2. 石料规格、重量 3. 砂浆配合比	块	按设计图示数量计算	1. 选石料 2. 起重架搭、拆 3. 点石
050202006	池石、盆景石	1. 底盘种类 2. 山石高度 3. 山石种类 4. 混凝土砂浆强度等级 5. 砂浆强度等级、配合比	座(个)		1. 底盘制作、安装 2. 池石、盆景山石安装、砌筑
050202007	山石护角	1. 石料种类、规格 2. 砂浆配合比	m³	按设计图示尺寸以体积计算	1. 石料加工 2. 砌石
050202008	山坡石台阶	1. 石料种类、规格 2. 台阶坡度 3. 砂浆强度等级	m²	按设计图示尺寸以水平投影面积计算	1. 选石料 2. 台阶砌筑

4.2.3 驳岸

驳岸工程量清单项目设置及工程量计算规则,应按表4.5的规定执行。

表 4.5　驳岸（编号：050203）

项目编码	项目名称	项目特征	计量单位	工程量计算规则	工程内容
050203001	石砌驳岸	1. 石料种类、规格 2. 驳岸截面、长度 3. 勾缝要求 4. 砂浆强度等级、配合比	m^3	按设计图示尺寸以体积计算	1. 石料加工 2. 砌石 3. 勾缝
050203002	原木桩驳岸	1. 木材种类 2. 桩直径 3. 桩单根长度 4. 防护材料种类	m	按设计图示以桩长（包括桩尖）计算	1. 木桩加工 2. 打木桩 3. 刷防护材料
050203003	散铺砂卵石护岸（自然护岸）	1. 护岸平均宽度 2. 粗细砂比例 3. 卵石粒径 4. 大卵石粒径、数量	m^2	按设计图示平均护岸宽度乘以护岸长度以面积计算	1. 修边坡 2. 铺卵石、点布大卵石

4.2.4　园路、园桥、假山工程其他相关问题处理

（1）园路、园桥、假山（堆筑土山丘除外）、驳岸工程等的挖土方、开凿石方、回填等应按《建设工程工程量清单计价规范》（GB 50500—2008）附录 A.1 相关项目编码列项。

（2）如遇某些构配件使用钢筋混凝土或金属构件时，应按《建设工程工程量清单计价规范》（GB 50500—2008）附录 A 或附录 D 相关项目编码列项。

4.3　园路、园桥、假山工程工程量计算常用数据资料

4.3.1　广场砖

广场砖主要应用于广场、人行道、停车场、楼馆庭院、步行街、公园园林、站台、无桥某场所的铺贴和装饰。

广场砖与其他铺装材料的性能比较见表 4.6。

表 4.6　铺装材料的性能比较

	广场砖	天然花岗岩	炻器质瓷砖	红砖	混凝土板	人造大理石
耐荷重性	○	○	○	■	●	●
耐磨耗性	○	○	○	■	▲	▲
耐寒性	○	○	●	■	▲	▲
耐滑性	○	○	▲	○	○	■

注：○优质　●普通　▲稍差　■恶劣

4.3.2　园路桥工程工程量计算相关公式

园路桥工程工程量计算相关公式见表4.7所示。

表4.7　园路桥工程工程量计算相关公式

序号	项　目	说　　明
1	基础模板工程量计算	独立基础模板工程量区别不同形状以图示尺寸计算,如阶梯形按各阶的侧面面积,锥形按侧面面积与锥形斜面面积之和计算。杯形,高杯形基础模板工程量,按基础各阶层的侧面表面积与杯口内壁侧面积之和计算,但杯口底面不计算模板面积,其计算方法可用计算式表示如下,即 $$F_{总}=(F_1+F_2+F_3+F_4)N$$ 式中　$F_{总}$——杯形基础模板接触面面积,m^2; 　　　F_1——杯形基础底部模板接触面面积,m^2,$F_1=(A+B)\times 2h_1$; 　　　F_2——杯形基础上部模板接触面面积,m^2,$F_2=(a_1+b_2)\times 2(h-h_1-h_2)$; 　　　F_3——杯形基础中部棱台接触面面积,m^2,$F_3=\dfrac{1}{3}\times(F_1+F_2+\sqrt{F_1F_2})$; 　　　F_4——杯形基础杯口内壁接触面面积,m^2,$F_4=\overline{L}(h-h_2)$; 　　　N——杯形基础数量,个。 上述公式中字母符号含义如图4.26所示。
2	砌筑砂浆配合比设计	园路桥工程根据需要的砂浆强度等级进行配合比设计,其设计步骤如下所示: (1)计算砂浆试配强度$f_{m,0}$。为使砂浆强度达到95%的强度保证率,满足设计强度等级的要求,砂浆的试配强度应按下式计算,即 $$f_{m,0}=f_2+0.645\sigma$$ 式中　$f_{m,0}$——砂浆的试配强度,MPa; 　　　f_2——砂浆抗压强度的平均值,即砂浆的设计强度,MPa; 　　　σ——砌筑砂浆强度标准差,MPa。 施工单位不具有近期统计资料时,砂浆的标准差可按表4.8中规定选取。 (2)计算水泥用量为 $$Q_C/(kg\cdot m^{-3})=\dfrac{1\,000(f_{m,0}-B)}{Af_{ce}}\,(由砌砖砂浆强度计算公式导出)$$ (3)计算外掺料用量为 $$Q_D/(kg\cdot m^{-3})=Q_A-Q_C$$ (4)计算砂子用量为 $$Q_S/(kg\cdot m^{-3})=1\rho'os$$ 式中　$\rho'os$——含水率大于0.5%干燥状态的堆积密度值,非干燥状态用砂,可适当放宽加入量; 　　　1——1 m^3的砂子。 (5)选定用水量。用水量的选定要符合砂浆稠度的要求,施工中可以根据操作者的手感经验或按表4.9中确定。 (6)砂浆试配与配合比的确定。砌筑砂浆配合比的试配和调整方法基本与普通混凝土相同

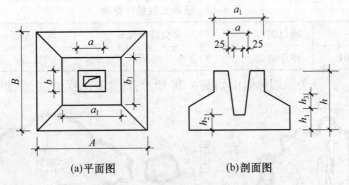

(a)平面图　　　　　　　(b)剖面图

图 4.26　杯形基础计算公式中字母含义图

表 4.8　砂浆强度标准差 σ 值　　　　　　　　MPa

强度等级 施工水平	M2.5	M5.0	M7.5	M10.0	M15.0	M20.0
优良	0.50	1.00	1.50	2.00	3.00	4.00
一般	0.62	1.25	1.88	2.50	3.75	5.00
较差	0.75	1.50	2.25	3.00	4.50	6.00

表 4.9　砌筑砂浆用水量

砂浆品种	水泥砂浆	混合砂浆
用水量/(kg·m⁻³)	270～330	260～300

注:①混合砂浆用水量,不含石灰膏或黏土膏中的水分。

②当采用细砂或粗砂时,用水量分别取上限或下限。

③稠度小于 70 mm 时,用水量可小于下限。

④当施工现场炎热或在干燥季节时,可适当增加用水量。

4.4　园路、园桥、假山工程工程量计算实例

【例 4.1】　如图 4.27 所示为某道路局部断面图,此段道路长 25 m,道牙宽 68 mm,求灰土层工程量及道牙工程量。

【解】　查表 4.3,可知工程量计算规则按设计图示尺寸以长度计算。

(1)灰土垫层清单工程量/m³:1.3×25×0.3 = 9.75

(2)道牙清单工程量(25.00 m)。

清单工程量计算见表 4.10。

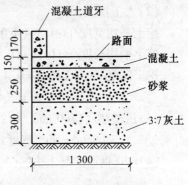

图 4.27　局部道路断面图

表 4.10　　清单工程量计算表

项目编码	项目名称	项目特征描述	计量单位	工程量
050201002001	路牙铺设	3:7 灰土垫层厚 300 mm	m	25.00

【例 4.2】　　某公园园林假山如图 4.28 所示,计算其工程量(三类土)。

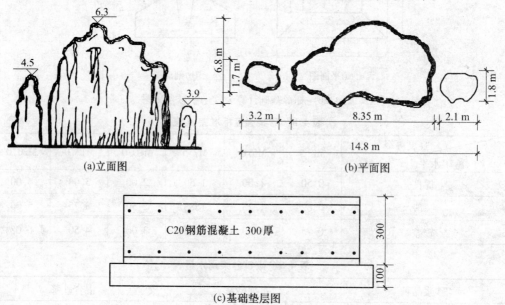

(a)立面图　　　　　　　　　　　　　　　　(b)平面图

图 4.28　某公园园林假山示意图

注:道碴垫层 100 mm 厚

【解】　(1)平整场地:

平均宽度/m:(6.8+1.8)/2=4.3

长度=14.8 m。

假山平整场地以其底面积乘以系数 2 以"m²"计算,

$$S/\text{m}^2 = 2 \times 4.3 \times 14.8 = 127.28$$

(2)人工挖土:

挖土平均宽度/m:4.3+(0.08+0.1)×2=4.66

挖土平均长度/m:14.8+(0.08+0.1)×2=15.16

挖土深度/m:0.1+0.3=0.4

$$S/\text{m}^3 = 长 \times 宽 \times 高 = 4.66 \times 15.16 \times 0.4 = 28.26$$

(3)道碴垫层(100 mm 厚):

$$S/\text{m}^3 = 平均宽度 \times 平均长度 \times 深度 = 4.66 \times 15.16 \times 0.1 = 7.07$$

(4)C20 钢筋混凝土垫层(300 mm 厚):

$$长/\text{m} = 14.8 + 0.1 \times 2 = 15.0$$

$$宽/\text{m} = 4.3 + 0.1 \times 2 = 4.5$$

$$V/\text{m}^3 = 长 \times 宽 \times 高 = 15.0 \times 4.5 \times 0.3 = 20.25$$

（5）钢筋混凝土模板：
$$S/\text{m}^2 = V \times 模板系数 = 20.25 \times 0.26 = 5.265$$

（6）钢筋混凝土钢筋：
$$T/\text{t} = V \times 钢筋系数 = 20.25 \times 0.079 = 0.60$$

（7）假山堆砌。

1）6.3 m 处：　$W_a/\text{t} = 长 \times 宽 \times 高 \times 高度系数 \times 太湖石容重 =$
　　　　　　　　$6.8 \times 8.35 \times 6.3 \times 0.55 \times 1.8 =$
　　　　　　　　354.14

2）4.5 m 处：　$W_b/\text{t} = 长 \times 宽 \times 高 \times 高度系数 \times 太湖石容重 =$
　　　　　　　　$1.7 \times 3.2 \times 4.5 \times 0.55 \times 1.8 =$
　　　　　　　　24.24

3）3.9 m 处：　$W_c/\text{t} = 长 \times 宽 \times 高 \times 高度系数 \times 太湖石容重 =$
　　　　　　　　$2.1 \times 1.8 \times 0.55 \times 1.8\text{t} \times 3.9 =$
　　　　　　　　14.59

太湖石总用量：　$W/\text{t} = W_a + W_b + W_c =$
　　　　　　　　$354.14 + 24.24 + 14.59 =$
　　　　　　　　392.97

注意　本例中是三块大的较为独立的太湖石，在有的计算中可能会涉及零星散块的石头，则应根据其累计长度、平均高度、宽度来计算。

清单工程量计算如表 4.11 所示。

表 4.11　清单工程量计算表

序号	项目编码	项目名称	项目特征描述	计量单位	工程量
1	010101001001	平整场地	三类土	m²	127.28
2	010101002001	挖土方	三类土，挖土厚 0.4 m	m³	28.26
3	010401006001	垫层	道碴垫层	m³	7.07
4	010401006002	垫层	C20 钢筋混凝土垫层	m³	20.25
5	010416001001	现浇混凝土钢筋	钢筋混凝土钢筋	t	1.60
6	050202002001	堆砌石假山	堆砌高 6.3 m，太湖石容量 1.8 t/m³	t	392.97

【例 4.3】　如图 4.29 所示为一个树池平面和围牙立面，求围牙工程量（围牙平铺）。

【解】　查表 4.3，可知工程量计算规则为：按设计图示尺寸以长度计算。

围牙清单工程量/m：$(0.15 + 1.3 + 0.15) \times 2 + 1.3 \times 2 = 5.80$

清单工程量计算见表 4.12。

表 4.12　清单工程量计算表

项目编码	项目名称	项目特征描述	计量单位	工程量
050201003001	树池围牙、盖板	平铺围牙	m	5.80

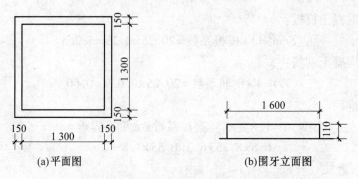

图 4.29　树池示意图

【例 4.4】　如图 4.30 所示为某小广场平面和剖面图,求工程量。

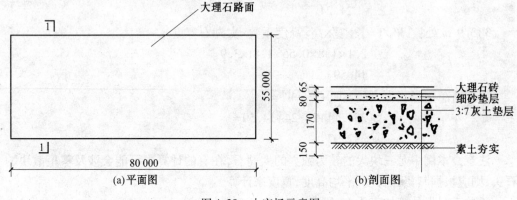

图 4.30　小广场示意图

【解】　(1)整理路面:

查表 4.3,可知工程量计算规则按设计图示尺寸以面积计算,不包括路牙,即

$$S/\text{m}^2 = 长 \times 宽 = 80 \times 55 = 4\ 400.00$$

定额工程量同清单工程量。

(2)素土夯实:

$$清单工程量\ V/\text{m}^3 = 长 \times 宽 \times 厚 = 80 \times 55 \times 0.15 = 660.00$$

(3)挖土方:

$$清单工程量\ V/\text{m}^3 = 长 \times 宽 \times 厚 = 80 \times 55 \times 0.25 = 1\ 100$$

(4)3∶7 灰土垫层:

$$清单工程量\ V/\text{m}^3 = 长 \times 宽 \times 厚 = 80 \times 55 \times 0.17 = 748$$

(垫层宽度加宽 10 cm 计算)

(5)细砂垫层:

$$清单工程量\ V/\text{m}^3 = 长 \times 宽 \times 厚 = 80 \times 55 \times 0.080 = 352$$

(6)贴大理石路面:

$$清单工程量\ S/\text{m}^2 = 长 \times 宽 = 80 \times 55 = 4\ 400$$

清单工程量计算见表 4.13。

表 4.13　清单工程量计算表

序号	项目编码	项目名称	项目特征描述	计量单位	工程量
1	050201001001	园路	3∶7 灰土垫层厚 170 mm,细砂垫层厚 80 mm,贴大理石路面	m²	4 400
2	010101002001	挖土方	挖土深 0.25 m	m³	1 100

【例 4.5】　如图 4.31 所示为某道路的局部断面,其中该段道路长 19 m,宽 2.5 m,混凝土道牙宽 65 mm,厚 85 mm,求工程量。

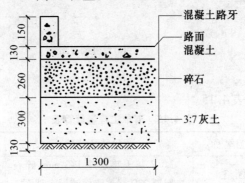

图 4.31　局部道路断面图

【解】　(1)园路路面各层(不包括路牙)计算:

$$S/m^2 = 19 \times 2.5 = 47.5$$

(按设计图示尺寸以面积计算,不包括路牙)

(2)道牙工程量:

$$L/m = 19 \times 2 = 38.00$$

(按设计图示尺寸以长度计算)

清单工程量计算如表 4.14 所示。

表 4.14　清单工程量计算表

序号	项目编码	项目名称	项目特征描述	计量单位	工程量
1	050201001001	园路	3∶7 灰土垫层厚 300 mm,碎石垫层厚 260 mm,现浇混凝土路面厚 130 mm	m²	47.5
2	050201002001	路牙铺设	3∶7 灰土垫层厚 300 mm,碎石垫层厚 260 mm,混凝土路牙	m	38.0

【例 4.6】　如图 4.32 所示为某公园一个局部台阶,两头分别为路面,中间为四个台阶,求这个局部的园路和台阶工程量(园路不包括路牙)。

【解】　查表 4.3,可知工程量计算规则按设计图示尺寸以面积计算,不包括路牙,即

$$S/m^2 = (4 + 0.25 \times 4 + 0.15 \times 5 + 3) \times 1.8 = 15.75$$

(按设计图示尺寸以水平投影面积计算)

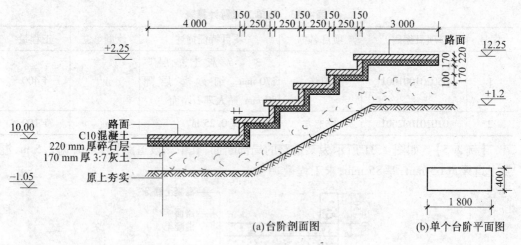

(a)台阶剖面图　　　　　　　　(b)单个台阶平面图

图 4.32　台阶示意图

清单工程量计算见表 4.15。

表 4.15　清单工程量计算表

项目编码	项目名称	项目特征描述	计量单位	工程量
050201001001	园路	3：7 灰土垫层厚 170 mm，碎石垫层厚 220 mm，路面铺设大理石	m²	15.75

【例 4.7】　某广场绿化工程需要铺设一条 18 m×1.3 m 的园路，如图 4.33 所示，计算其分部分项工程量。

【解】　园路面积由题可知为 $18×1.3 = 23.4 \ m^2$

（1）面层：

$V/m^3 = sh = 23.4×0.025 = 0.59$

（2）水泥砂浆：

$V/m^3 = sh = 23.4×0.25 = 5.85$

（3）素混凝土层：

$V/m^3 = sh = 23.4×0.06 = 1.40$

（4）3：7 灰土层：

$V/m^3 = sh = 23.4×0.15 = 3.51$

清单工程量计算见表 4.16。

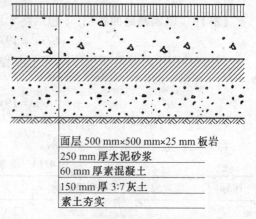

面层 500 mm×500 mm×25 mm 板岩
250 mm 厚水泥砂浆
60 mm 厚素混凝土
150 mm 厚 3：7 灰土
素土夯实

图 4.33　园部局部剖面示意图

表 4.16　清单工程量计算表

项目编码	项目名称	项目特征描述	计量单位	工程量
050201001001	园路	3：7 灰土垫层厚 0.15 m，素混凝土垫层厚 0.06 m，水泥砂浆厚 0.25 m，面层厚 0.025 m，路面宽 1.3 m	m²	23.4

注：计算工程量的基本思路是根据工程的面积及厚度来算出工程量，道路计算要根据不同层次结构来分项计算。

【例4.8】　某园桥工程基础施工图标注杯形基础如图4.34所示,共有6个,试计算此杯形基础的模板接触面面积。

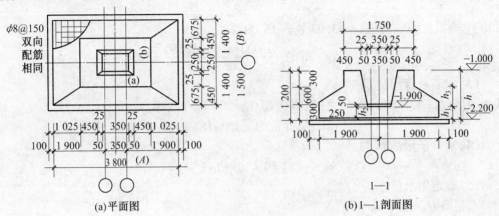

图 4.34　杯形基础施工图

（a）平面图　　　　　　　　　（b）1—1剖面图

【解】　依据图4.34标注尺寸,该基础模板接触面面积分步计算如下,即

$$F_1/\text{m}^2 = (A+B) \times 2h_1 =$$
$$(3.8+2.8) \times 2 \times 0.3 = 3.96$$

$$F_2/\text{m}^2 = (a+b) \times 2(h-h_1-h_3) =$$
$$(1.75+1.45) \times 2 \times (1.2-0.3-0.6) = 1.92$$

$$F_3/\text{m}^2 = \frac{1}{3} \times (F_1+F_2+\sqrt{F_1 F_2}) =$$
$$\frac{1}{3} \times (3.96+1.92+\sqrt{3.96 \times 1.92}) = 2.88$$

$$F_4/\text{m}^2 = \bar{L} \times 2 \times (1.9+0.05-1.0) =$$
$$\left(\frac{0.85+0.80}{2}+\frac{0.55+0.50}{2}\right) \times 2 \times 0.95 = 2.57$$

则
$$F_总/\text{m}^2 = (F_1+F_2+F_3+F_4)N =$$
$$(3.96+1.92+2.88+2.57) \times 6 = 67.98$$

杯形基础混凝土工程量一般来说,应按下列公式计算,即

$$V = ABh_1+\frac{h_3}{3}[AB+a_1 b_1+(A+a_1)(B+b_1)]+a_1 b_1(h-h_1-h_3)-$$
$$(h-h_2) \times (a-0.025)(b-0.025)$$

【例4.9】　某公园施工现场用于砌砖墙的M7.5等级砂浆,要求稠度为70~100 mm,原材料为普通硅酸盐水泥42.5 MPa,中砂,堆积密度1 450 kg/m³,沙子的含水率为2%,石灰膏稠度为120 mm,施工水平为优良,试设计混合砂浆配合比。

【解】　(1)求砂浆的试配强度为
$$f_{\text{m},0} = f_2+0.645\sigma$$

式中 $f_2 = 7.5$ MPa,$\sigma = 1.50$ MPa。

$$f_{\text{m},0}/\text{MPa} = 7.5+0.645 \times 1.50 = 8.5$$

（2）计算用水量为

$$Q_c = \frac{1\,000(f_{m,0}-\beta)}{\alpha f_{ce}}$$

式中 $f_{ce}=42.5$ MPa，查表，$\alpha=3.03$，$\beta=-15.09$，即

$$Q_c/(\text{kg}\cdot\text{m}^{-3}) = \frac{1\,000(8.5+15.09)}{3.03\times42.5}=183$$

（3）求石灰膏用量 Q_D：

式中 Q_A 应在 $300\sim500$ kg/m³ 之间，本题取 $Q_A=300$ kg/m³，即

$$Q_D/(\text{kg}\cdot\text{m}^{-3}) = 300-183 = 117$$

（4）求沙子用量 Q_S 为

$$Q_S/(\text{kg}\cdot\text{m}^{-3}) = 1\,450\times(1+2\%) = 1\,479$$

（5）确定用水量 Q_W：

本题取 $Q_W=280$ kg/m³。

（6）试配：各材料试配比例：水泥∶石灰膏∶沙子∶水 $=183∶117∶1479∶280=$

　　　　　　　　　　　　　　　　　　　　　$1∶0.64∶8.08∶1.53$

最后配合比调整。

【例4.10】　某景点嵌草砖园路地面平面图如图4.35所示，剖面图如图4.36，试计算其工程量。

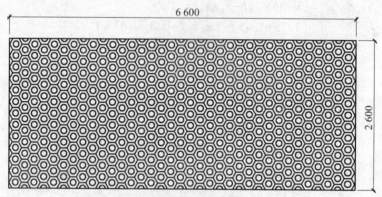

图4.35　嵌草砖地面平面图

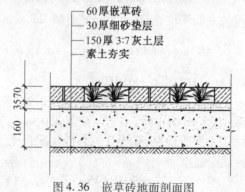

图4.36　嵌草砖地面剖面图

【解】　（1）整理路床：

$$S/\text{m}^2 = 长\times宽 = 6.7\times2.7 = 18.09$$

(2)原土夯实：

$$S/\mathrm{m}^2 = 长 \times 宽 = 6.7 \times 2.7 = 18.09$$

(3)挖土方：

$$V/\mathrm{m}^3 = 长 \times 宽 \times 厚 = 6.7 \times 2.7 \times 0.265 = 4.79$$

(4)3：7灰土垫层：

$$V/\mathrm{m}^3 = 长 \times 宽 \times 厚 = 6.7 \times 2.7 \times 0.16 = 2.89$$

(5)细沙垫层：

$$V/\mathrm{m}^3 = 长 \times 宽 \times 厚 = 6.7 \times 2.7 \times 0.035 = 0.63$$

(6)嵌草砖路面：

$$S/\mathrm{m}^2 = 6.6 \times 2.6 = 17.16$$

注：路床整理、路园垫层(除混凝土垫层外)每边各放宽5 cm。

【例4.11】　某游乐场安全塑胶垫地面平面图如图4.37所示，安全塑胶垫铺设剖面如图4.38所示，排水边沟大样如图4.39所示，试计算其工程量。

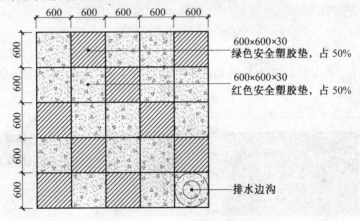

图4.37　安全塑胶垫平面图

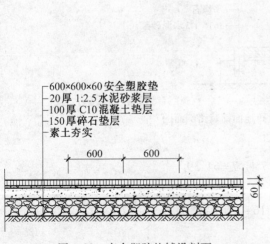

图4.38　安全塑胶垫铺设剖面

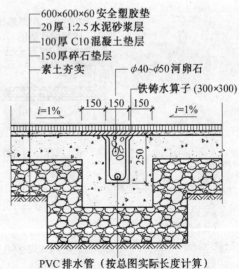

图4.39　排水边沟大样

【解】　(1)整理路床:
$$S/m^2 = 3.1 \times 3.1 = 9.61$$

(2)挖土方:
$$V/m^3 = 3.1 \times 3.1 \times 0.33 + 0.45 \times 0.45 \times 0.25(排水管下增加) = 3.22$$

(3)原土夯实:
$$S/m^2 = 3.1 \times 3.1 + 0.45 \times 0.45 = 9.81$$

(4)碎石垫层:
$$V/m^3 = 3.1 \times 3.1 \times 0.15 + 0.45 \times 0.45 \times 0.15 = 1.47$$

(5)C10混凝土垫层:
$$V/m^3 = 3.1 \times 3.1 \times 0.1 + 0.45 \times 0.45 \times 0.1 = 0.98$$

(6)水泥砂浆找平层:
$$S/m^2 = 3.0 \times 3.0 = 9.00$$

(7)安全塑胶垫面层:
$$S/m^2 = 3.0 \times 3.0 = 9.00$$

注:排水管另计。

【例4.12】　某园林混凝土彩砖地面平面图如图4.40所示,剖面图如图4.41所示,试计算其工程量。

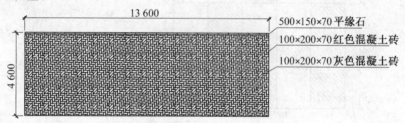

图4.40　混凝土砖地面铺装路平面图

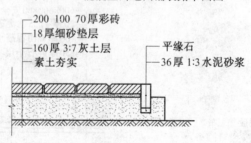

图4.41　混凝土砖地面铺装路剖面图

【解】　(1)整理路床:
$$S/m^2 = 13.7 \times 4.7 = 64.39$$

(2)挖土方:
$$V/m^3 = 13.7 \times 4.7 \times (0.16 + 0.018 + 0.07) = 15.97$$

(3)原土夯实:
$$S/m^2 = 13.7 \times 4.7 = 64.39$$

（4）3∶7 灰土垫层：

$$V/m^3 = 13.7 \times 4.7 \times 0.16 = 10.30$$

（5）铺彩砖：

$$S/m^2 = 13.6 \times (4.6 - 0.07) = 61.61$$

（6）铺缘石：

$$L/m = 13.6 \times 2 = 27.2$$

【例 4.13】　某园林中一拱形桥的平面图、立面图、剖面图如图 4.42 ~ 4.44 所示，其中弧长 8.9 m，试计算其工程量。

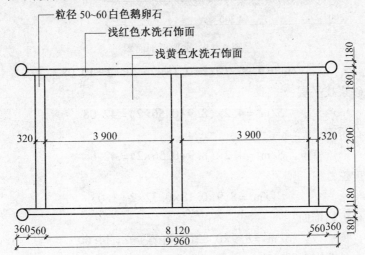

图 4.42　拱形桥平面图

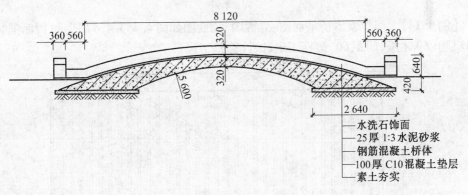

图 4.43　拱形桥立面图

【解】　（1）平整场地：

$$S/m^2 = 9.96 \times (4.2 + 0.36 \times 2) = 49.00$$

（2）挖土方：

$$V/m^3 = 4.92 \times (2.64 + 0.6) \times 0.42 \times 2 = 13.39$$

（3）桥下 C10 混凝土基础垫层：

$$V/m^3 = 4.92 \times 2.64 \times 0.1 \times 2 = 2.60$$

（4）钢筋混凝土桥体：

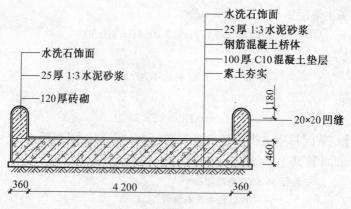

图 4.44　拱形桥剖面图

$$V/m^3 = 9.96 \times (4.2 + 0.18 \times 2) \times 0.42 = 19.08$$

（5）水泥砂浆找平层：

$$S/m^2 = 4.2 \times (8.9 + 0.56 \times 2) = 42.08$$

（6）水洗石桥面：

$$S/m^2 = 4.2 \times (8.9 + 0.56 \times 2) = 42.08$$

（7）砖砌护栏：

$$V/m^3 = 8.9 \times 0.18 \times 0.32 \times 2 = 1.03$$

（8）水洗石护栏饰面：

$$S/m^2 = 8.9 \times 0.82(展开宽) \times 2 = 14.60$$

（9）桥面四角花岗石圆柱石：

$$N = 4 \ 个$$

【例4.14】　绳拉索木桥平面图、立面图、剖面图如图 4.45 ~ 4.47 所示,桥面铺装为 2 600×130×60 木板,间距 60,螺栓固定,试计算其工程量

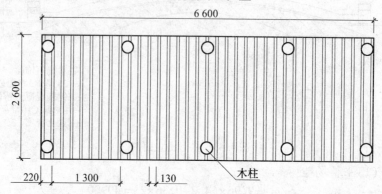

图 4.45　绳拉索木桥平面图

【解】　（1）平整场地：

$$S/m^2 = 2.6 \times 6.6 = 17.16$$

（2）挖土方(考虑桥面为室外地坪)：

$$V/m^3 = [6.6 + (0.44 + 0.1) \times 2] \times (2.6 + 0.1 \times 2) \times (0.22 + 0.56 + 0.1) =$$

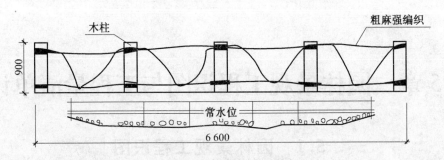

图 4.46　绳拉索木桥立面图

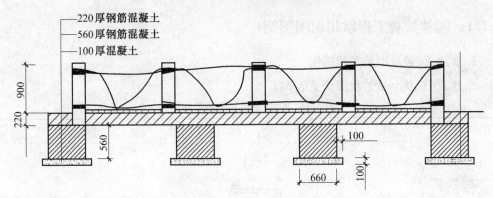

图 4.47　绳拉索木桥剖面图

18.92

（3）桥墩基础垫层：

$$V/\mathrm{m}^3 = (2.6+0.1\times2)\times(0.66+0.1\times2)\times0.1 = 2.41$$

（4）混凝土桥墩：

$$V/\mathrm{m}^3 = 2.6\times0.66\times0.56\times4 = 3.84$$

（5）混凝土桥面：

$$V/\mathrm{m}^3 = (6.6+0.44\times2)\times2.6\times0.22 = 4.28$$

（6）木桥面：

$$S/\mathrm{m}^2 = 6.6\times2.6 = 17.16$$

（7）木柱：

$$V/\mathrm{m}^3 = 3.14\times0.11\times0.11\times1.12\times10 = 0.43$$

（8）粗麻绳编织围栏：

$$L/\mathrm{m} = (6.6\times2\times2+1\times8\times2)\times2 = 84.8\,（考虑全长的 2 倍用量）$$

第5章 园林景观工程识图与工程量清单计价

5.1 园林景观工程识图

5.1.1 园林景观工程常用识图图例

1. 水池、花架及小品工程图例

水池、花架及小品工程图例见表 5.1

表 5.1 水池、花架及小品工程图例

序号	名 称	图 例	说 明
1	雕塑		仅表示位置,不表示具体形态,以下同,也可依据设计形态表示
2	花台		
3	坐凳		
4	花架	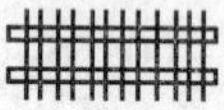	
5	围墙	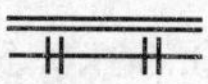	上图为实砌或漏空围墙 下图为栅栏或篱笆围墙
6	栏杆		上图为非金属栏杆 下图为金属栏杆
7	园灯		—
8	饮水台		—
9	指示牌		

2. 喷泉工程图例

喷泉工程图例见表 5.2。

表 5.2　喷泉工程图例

序号	名　　称	图　　例	说　　明
1	喷泉		仅表示位置,不表示具体形态
2	阀门(通用)、截止阀		1.没有说明时,表示螺纹连接: 法兰连接时　焊接时 2.轴测图画法
3	闸阀		
4	手动调节阀		阀杆为垂直 阀杆为水平
5	球阀、转心阀		—
6	蝶阀		—
7	角阀	或	—
8	平衡阀		—
9	三通阀	或	—
10	四通阀		—
11	节流阀		—
12	膨胀阀	或	也称"隔膜阀"
13	旋塞		—
14	快放阀		也称"快速排污阀"
15	止回阀		左、中为通用画法,流法均由空白三角形至非空白三角形;中也代表升降式止回阀;右代表旋启式止回阀

续表5.2

序号	名　称	图　例	说　明
16	减压阀	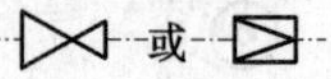 ▷◁— 或 ▷□	左图小三角为高压端,右图右侧为高压端,其余同阀门类推
17	安全阀		左图为通用阀,中图为弹簧安全阀,右图为重锤安全阀
18	疏水阀	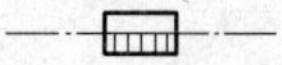 —▭—	在不致引起误解时,也可用—●—表示,也称"疏水器" 
19	浮球阀	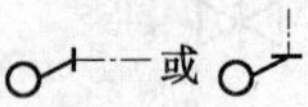 o┤— 或 o┤	—
20	集气罐、排气装置	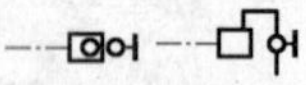 —◧— —◻—	左图为平面图
21	自动排气阀		—
22	除污器(过滤器)	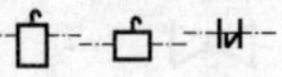	左图为立式除污器,中图为卧式除污器,右图为Y型过滤器
23	节流孔板、减压孔板	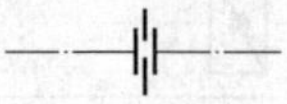 —‖—	在不致引起误解时,也可用—‖—表示 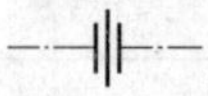
24	补偿器(通用)	 —▭—	也称"伸缩器"
25	矩形补偿器	 ⊓	—
26	套管补偿器	 —▭—	—
27	波纹管补偿器	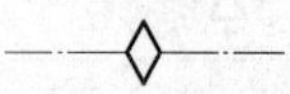 ◇	—
28	弧形补偿器	 ⌒	—
29	球形补偿器	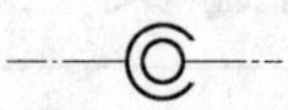 ◎	—
30	变径管异径管	 ▷ ▷	左图为同心异径管,右图为偏心异径管
31	活接头	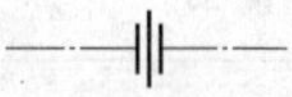 —‖—	—
32	法兰	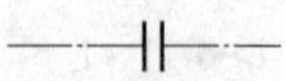 —‖—	—
33	法兰盖	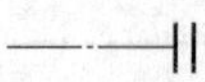 —‖	—

续表 5.2

序号	名 称	图 例	说 明
34	丝堵		也可表示为
35	可曲挠橡胶软接头		—
36	金属软管		也可表示为
37	绝热管		—
38	保护套管		—
39	伴热管		—
40	固定支架		—
41	介质流向	或	在管道断开处,流向符号宜标注在管道中心线上,其余可同管径标注位置
42	坡度及坡向	$i=0.003$ 或 $i=0.003$	坡度数值不宜与管道起、止点标高同时标注。标注位置同管径标注位置
43	套管伸缩器		—
44	方形伸缩器		—
45	刚性防水套管		—
46	柔性防水套管		—
47	波纹管		—
48	可曲挠橡胶接头		—
49	管道固定支架		—
50	管道滑动支架		—
51	立管检查口		—

续表 5.2

序号	名　称	图　例	说　明
52	水泵	平面　系统	—
53	潜水泵		—
54	定量泵		—
55	管道泵		—
56	清扫口	平面　系统	—
57	通气帽	成品　铅丝球	—
58	雨水斗	YD-平面　YD-系统	—
59	排水漏斗	平面　系统	—
60	圆形地漏		通用。如为无水封,地漏应加存水弯
61	方形地漏		—
62	自动冲洗水箱		—
63	挡墩		—
64	减压孔板		—
65	除垢器		—
66	水锤消除器		—
67	浮球液位器		—
68	搅拌器		—

5.1.2　园林景观的构造及示意图

1.亭

亭的体形小巧,造型多样。亭的柱身部分,大多开敞、通透,置身其间有良好的视野,便于眺望、观赏。柱间下部分常设半墙、坐凳或鹅颈椅,供游人坐憩。亭的上半部分长悬纤细精巧的挂落,用以装饰。亭的占地面积小,最适合于点缀园林风景,也易与园林中各种复杂的地形、地貌相结合,与环境融于一体。

亭的各种形式见表5.3。

表5.3　亭的各种形式

名称	平面基本形式示意	立面基本形式示意	平面立面组合形式示意
三角亭			
方　亭			
长方亭			
六角亭			
八角亭			
园　亭			
扇形亭			
双层亭			

2.廊

廊又称游廊,是起交通联系、连接景点的一种狭长的棚式建筑,它可长可短,可直可曲,随形而弯。园林中的廊是亭的延伸,是联系风景点建筑的纽带,随山就势,逶迤蜿蜒,曲折迂回。廊既能引导视角多变的导游交通路线,又可划分景区空间,丰富空间层次,增加景深,是中国园林建筑群体中的重要组成部分。

廊的基本形式见表5.4。

表 5.4　廊的基本形式

按廊的横剖面形式划分	双面空廊		暖廊	复廊	单支柱廊
	单面空廊				双层廊
按廊的整体造型划分	直廊	曲廊		抄手廊	回廊
	爬山廊	叠落廊		桥廊	水廊

3. 喷泉

（1）普通装饰性喷泉。它是由各种普通的水花图案组成的固定喷水型喷泉,其构造如图5.1(a)所示。

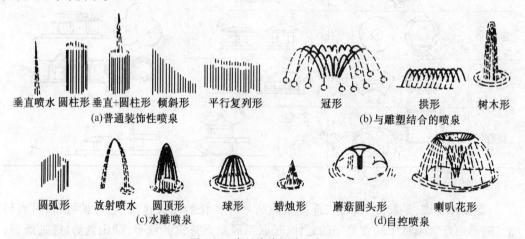

垂直喷水　圆柱形　垂直+圆柱形　倾斜形　平行复列形　　　　冠形　　　　拱形　树木形
(a)普通装饰性喷泉　　　　　　　　　　　　　　　　　(b)与雕塑结合的喷泉

圆弧形　放射喷水　圆顶形　　球形　　蜡烛形　蘑菇圆头形　喇叭花形
(c)水雕喷泉　　　　　　　　　　　　　　　　(d)自控喷泉

图5.1　常见水姿形态示例

（2）与雕塑结合的喷泉。喷泉的各种喷水花型与雕塑、水盘、观赏柱等共同组成景观。其构造如图5.1(b)所示。

（3）水雕喷泉。用人工或机械塑造出各种抽象的或具象的喷水水形,其水形呈某种艺术性"形体"的造型。其构造如图5.1(c)所示。

（4）自控喷泉。它是利用各种电子技术，按没计程序来控制水、光、音、色的变化，从而形成变幻多姿的奇异水景。其构造如图5.1(d)所示。

5.1.3　园林景观的画法表现

1.亭的画法表现

亭的造型极为多样，从平面形状可分为圆形、方形、三角形、六角形、八角形、扇面形、长方形等。亭的平面画法十分简单，但是其立面和透视画法则非常复杂(图5.2)。

亭的形状不同，其用法和造景功能也不尽相同。三角亭以简洁、秀丽的造型深受设计师的喜爱。在平面规整的图面上，三角亭可以分解视线、活跃画面，如图5.3所示，而各种方亭、长方亭则在与其他建筑小品的结合上有不可替代的作用。如图5.4所示的是各类亭子的表现例图。

图5.2　亭子的平面及透视画法表现

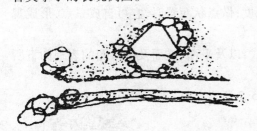

图5.3　三角亭的平面画法表现

(a)方亭　　　　　　　　　　　　(b)八角亭

(c)扇形亭　　　　　　　　　　　(d)长方亭

图5.4　各类亭子的画法表现

2. 廊的画法表现

（1）苏州沧浪亭中复廊的平面画法表现，如图 5.5 所示。

（2）上海复兴公园荷花廊的正立面与平面画法表现，如图 5.6 所示。

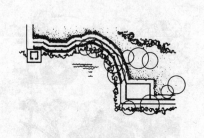 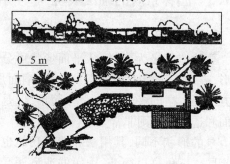

图 5.5　苏州沧浪亭中复廊的平面画法表现　　图 5.6　上海复兴公园荷花廊的正立面与平面画法表现

3. 花架的画法表现

花架不仅是供攀缘植物攀爬的棚架，还是人们休息、乘凉、坐赏周围风景的场所。它造型灵活、富于变化，具有亭廊的作用。做长线布置时，它能发挥建筑空间的脉络作用，形成导游路线，也可用来划分空间，增加风景的深度；做点状布置时，它可自成景点，形成观赏点。

花架的形式多种多样，几种常见的花架形式，以及平面、立面及效果图的表现如下所述：

（1）单片花架的立面、透视效果表现，如图 5.7 所示。

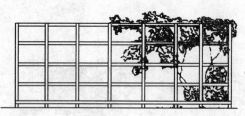 

图 5.7　单片花架的立面及透视效果表现

（2）直廊式花架的立面、剖面、透视效果表现，如图 5.8 所示。

（3）单柱 V 形花架的效果表现，如图 5.9 所示。

（4）弧顶直廊式花架的立面与效果，如图 5.10 所示。

（5）环形廊式花架的平面与效果，如图 5.11 所示。

（6）组合式花架效果，如图 5.12 所示。

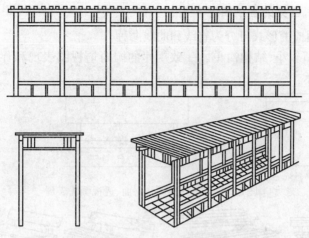

图 5.8 直廊式花架的立面、剖面及透视效果表现

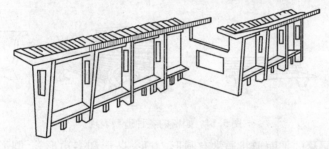

图 5.9 单柱 V 形花架的效果表现

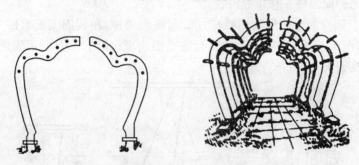

图 5.10 弧顶直廊式花架的立面与效果

图 5.11 环形廊式花架的平面与效果　　　　图 5.12 组合式花架效果

4. 园椅、园凳、园桌的画法表现

（1）园椅。园椅的形式可分为直线和曲线两种。

园椅因其体量较小，结构简单。一致规律的园椅透视图表现和环境相得益彰，如图5.13、图5.14所示。

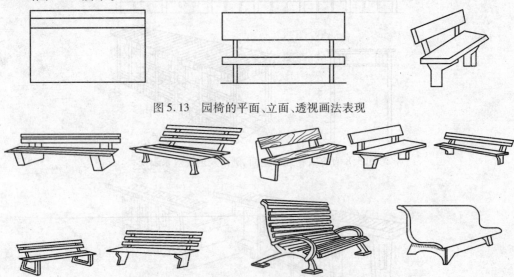

图 5.13　园椅的平面、立面、透视画法表现

图 5.14　园椅的各种造型表现

（2）园凳。园凳的平面形状通常有圆形、方形、条形和多边形等，圆形、方形常与园桌相匹配，而后两种同园椅一样单独设置。

（3）园桌。园桌的平面形状一般有方形和圆形两种，在其周围配有四个平面形状相似的园凳。如图5.15所示为方形园桌、凳的立面表现；如图5.16所示为圆形园桌、凳的平、立面及透视表现。

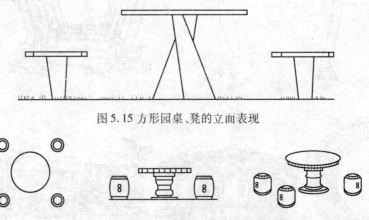

图 5.15 方形园桌、凳的立面表现

图 5.16 圆形园桌、凳的平、立面及透视表现

5. 水景的画法表现

（1）静水的画法表现。静水包括池水和湖水。它平和而宁静，能形象地反映周围的

景物,给人以色、波、影的综合艺术享受。

　　静水的表现以描绘水面为主。同时还要注意与其相关的景物的巧妙表现。水面表示可采用线条法、等深线法、平涂法和添景物法,如图 5.17 所示。

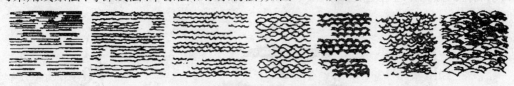

图 5.17　水面的几种画法表现

　　(2)流水的画法表现。和静水相同,流水描绘的时候也要注意对彼岸景物的表达,只是在表达流水的时候。设计师需要根据水波的离析和流向产生的对景物投影的分割和颠簸来描绘水的动感。与此同时,还应加强对水面的附着物体的描绘。图 5.18 所示为流水与石的表现。

图 5.18　流水与石的表现

　　(3)落水的画法表现。落水是园林景观中动水的主要造景形式之一,水流根据地形自高而低,在悬殊的地形中形成落水。落水的表现主要以表现地形之间的差异为主,形成不同层面的效果如图 5.19 所示。

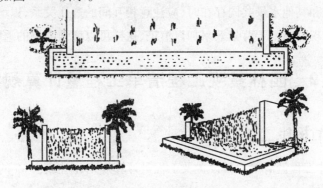

图 5.19　落水的画法表现

落水景观经常和其他景观紧密相连。表现落水景观的时候,我们对主要表达对象要进行强化,对环境其他的景物相应进行弱化,以做到主次分明,达到表现的目的。

　　(4)喷泉的画法表现。喷泉是园林中应用非常广泛的一种园林小品,在表现时要对其景观特征做充分理解之后再根据喷泉的类型采用不同的方法进行处理。具体如图5.20所示。

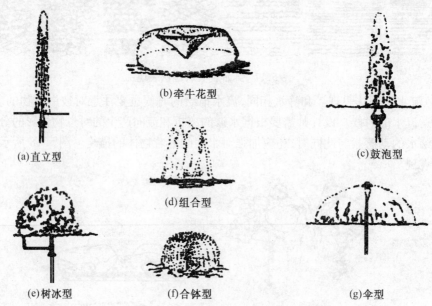

(a)直立型　　　　(b)牵牛花型　　　　(c)鼓泡型

(d)组合型

(e)树冰型　　　　(f)合钵型　　　　(g)伞型

图5.20　几种喷泉的画法表现

　　一般来说,在表现喷泉时我们要注意水景交融。对于水压较大的喷射式喷泉,要注意描绘水柱的抛物线,强化其轨迹。对于缓流式喷泉,其轮廓结构是描绘的重点。采用墨线条进行的描绘应该注意以下几点:

　　1)水流线的描绘应该有力而流畅,表达水流在空中划过的形象。

　　2)水景的描绘应该努力强调泉水的形象,增强空间立体感觉,使用的线条也应该光滑,但是也要根据泉水的形象使用虚实相间的线条,以表达丰富的轮廓变化。

　　3)泉水景观和其他水景共同存在时,应注意相互间的避让关系,以增强其表现效果。

　　4)水流的表现宜借助于背景效果加以渲染,这样可以增强喷泉的透明感。

5.2　园林景观工程清单工程量计算规则

5.2.1　原木、竹构件

　　原木、竹构件工程量清单项目设置及工程量计算规则,应按表5.5的规定执行。

表 5.5　原木、竹构件(编码:050301)

项目编码	项目名称	项目特征	计量单位	工程量计算规则	工程内容
050301001	原木(带树皮)柱、梁、檩、椽	1. 原木种类 2. 原木梢径(不含树皮厚度)	m	按设计图示尺寸以长度计算(包括榫长)	1. 构件制作 2. 构件安装 3. 刷防护材料
050301002	原木(带树皮)墙	3. 墙龙骨材料种类、规格 4. 墙底层材料种类、规格	m²	按设计图示尺寸以面积计算(不包括柱、梁)	
050301003	树枝吊挂楣子	5. 构件连接方式 6. 防护材料种类		按设计图示尺寸以框外围面积计算	
050301004	竹柱、梁、檩、椽	1. 竹种类 2. 竹梢径 3. 连接方式 4. 防护材料种类	m	按设计图示尺寸以长度计算	
050301005	竹编墙	1. 竹种类 2. 墙龙骨材料种类、规格 3. 墙底层材料种类、规格 4. 防护材料种类	m²	按设计图示尺寸以面积计算(不包括柱、梁)	
050301006	竹吊挂楣子	1. 竹种类 2. 竹梢径 3. 防护材料种类		按设计图示尺寸以框外围面积计算	

5.2.2　亭廊屋面

亭廊屋面工程量清单项目设置及工程量计算规则,应按表 5.6 的规定执行。

表 5.6　亭廊屋面(编码:050302)

项目编码	项目名称	项目特征	计量单位	工程量计算规则	工程内容
050302001	草屋面	1. 屋面坡度 2. 铺草种类 3. 竹材种类 4. 防护材料种类	m²	按设计图示尺寸以斜面面积计算	1. 整理、选料 2. 屋面铺设 3. 刷防护材料
050302002	竹屋面				
050302003	树皮屋面				

续表 5.6

项目编码	项目名称	项目特征	计量单位	工程量计算规则	工程内容
050302004	现浇混凝土斜屋面板	1. 檐口高度 2. 屋面坡度 3. 板厚 4. 椽子截面 5. 老角梁、子角梁截面 6. 脊截面 7. 混凝土强度等级	m³	按设计图示尺寸以体积计算,混凝土屋脊、椽子、角梁、扒梁均并入屋面体积内	混凝土制作、运输、浇筑、振捣、养护
050302005	现浇混凝土攒尖亭屋面板				
050302006	就位预制混凝土攒尖亭屋面板	1. 亭屋面坡度 2. 穹顶弧长、直径 3. 肋截面尺寸 4. 板厚 5. 混凝土强度等级 6. 砂浆强度等级 7. 拉杆材质、规格		按设计图示尺寸以体积计算,混凝土脊和穹顶的肋、基梁并入屋面体积内	1. 混凝土制作、运输、浇筑、振捣、养护 2. 预埋铁件、拉杆安装 3. 构件出槽、养护、安装 4. 接头灌缝
050302007	就位预制混凝土穹顶				
050302008	彩色压型钢板(夹芯板)攒尖亭屋面板	1. 屋面坡度 2. 穹顶弧长、直径 3. 彩色压型钢板(夹芯板)品种、规格、品牌、颜色 4. 拉杆材质、规格 5. 嵌缝材料种类 6. 防防材料种类	m²	按设计图示尺寸以面积计算	1. 压型板安装 2. 护角、包角、泛水安装 3. 嵌缝 4. 刷防护材料
050302009	彩色压型钢板(夹芯板)穹顶				

5.2.3　花架

花架工程量清单项目设置及工程量计算规则,应按表 5.7 的规定执行。

表 5.7　花架(编码:050303)

项目编码	项目名称	项目特征	计量单位	工程量计算规则	工程内容
050303001	现浇混凝土花架柱、梁	1.柱截面、高度、根数 2.盖梁截面、高度、根数 3.连系梁截面、高度、根数 4.混凝土强度等级	m³	按设计图示尺寸以体积计算	1.土(石)方挖运 2.混凝土制作、运输、浇筑、振捣、养护
050303002	预制混凝土花架柱、梁	1.柱截面、高度、根数 2.盖梁截面、高度、根数 3.连系梁截面、高度、根数 4.混凝土强度等级 5.砂浆配合比			1.土(石)方挖运 2.混凝土制作、运输、浇筑、振捣、养护 3.构件制作、运输、安装 4.砂浆制作、运输 5.接头灌缝、养护
050303003	木花架柱、梁	1.木材种类 2.柱、梁截面 3.连接方式 4.防护材料种类		按设计图示截面乘长度(包括榫长)以体积计算	1.土(石)方挖运 2.混凝土制作、运输、浇筑、振捣、养护 3.构件制作、运输、安装 4.刷防护材料、油漆
050303004	金属花架柱、梁	1.钢材品种、规格 2.柱、梁截面 3.油漆品种、刷漆遍数	t	按设计图示以质量计算	

5.2.4　园林桌椅

园林桌椅工程量清单项目设置及工程量计算规则,应按表 5.8 的规定执行。

表5.8　园林桌椅(编码:050304)

项目编码	项目名称	项目特征	计量单位	工程量计算规则	工程内容
050304001	木制飞来椅	1. 木材种类 2. 座凳面厚度、宽度 3. 靠背扶手截面 4. 靠背截面 5. 座凳楣子形状、尺寸 6. 铁件尺寸、厚度 7. 油漆品种、刷油遍数			1. 座凳面、靠背扶手、靠背、楣子制作、安装 2. 铁件安装 3. 刷油漆
050304002	钢筋混凝土飞来椅	1. 座凳面厚度、宽度 2. 靠背扶手截面 3. 靠背截面 4. 座凳楣子形状、尺寸 5. 混凝土强度等级 6. 砂浆配合比 7. 油漆品种、刷油遍数	m	按设计图示尺寸以座凳面中心线长度计算	1. 混凝土制作、运输、浇筑、振捣、养护 2. 预制件运输、安装 3. 砂浆制作、运输、抹面、养护 4. 刷油漆
050304003	竹制飞来椅	1. 竹材种类 2. 座凳面厚度、宽度 3. 靠背扶手梢径 4. 靠背截面 5. 座凳楣子形状、尺寸 6. 铁件尺寸、厚度 7. 防护材料种类			1. 座凳面、靠背扶手、靠背、楣子制作、安装 2. 铁件安装 3. 刷防护材料

续表 5.8

项目编码	项目名称	项目特征	计量单位	工程量计算规则	工程内容
050304004	现浇混凝土桌凳	1. 桌凳形状 2. 基础尺寸、埋设深度 3. 桌面尺寸、支墩高度 4. 凳面尺寸、支墩高度 5. 混凝土强度等级、砂浆配合比			1. 土方挖运 2. 混凝土制作、运输、浇筑、振捣、养护 3. 桌凳制作 4. 砂浆制作、运输 5. 桌凳安装、砌筑
050304005	预制混凝土桌凳	1. 桌凳形状 2. 基础形状、尺寸、埋设深度 3. 桌面形状、尺寸、支墩高度 4. 凳面尺寸、支墩高度 5. 混凝土强度等级 6. 砂浆配合比			1. 混凝土制作、运输、浇筑、振捣、养护 2. 预制件制作、运输、安装 3. 砂浆制作、运输 4. 接头灌缝、养护
050304006	石桌石凳	1. 石材种类 2. 基础形状、尺寸、埋设深度 3. 桌面形状、尺寸、支墩高度 4. 凳面形状、尺寸、支墩高度 5. 混凝土强度等级 6. 砂浆配合比	个	按设计图示数量计算	1. 土方挖运 2. 混凝土制作、运输、浇筑、振捣、养护 3. 桌凳制作 4. 砂浆制作、运输 5. 桌凳安砌
050304007	塑树根桌凳	1. 桌凳直径 2. 桌凳高度 3. 砖石种类 4. 砂浆强度等级、配合比 5. 颜料品种、颜色			1. 土(石)方运挖 2. 砂浆制作、运输 3. 砖石砌筑 4. 塑树皮 5. 绘制木纹
050304008	塑树节椅				
050304009	塑料、铁艺、金属椅	1. 木座板面截面 2. 塑料、铁艺、金属椅规格、颜色 3. 混凝土强度等级 4. 防护材料种类			1. 土(石)方挖运 2. 混凝土制作、运输、浇筑、振捣、养护 3. 座椅安装 4. 木座板制作、安装 5. 刷防护材料

5.2.5　喷泉安装

喷泉安装工程量清单项目设置及工程量计算规则,应按表 5.9 的规定执行。

表 5.9　喷泉安装（编码:050305）

项目编码	项目名称	项目特征	计量单位	工程量计算规则	工程内容
050305001	喷泉管道	1.管材、管件、水泵、阀门、喷头品种、规格、品牌 2.管道固定方式 3.防护材料种类	m	按设计图示尺寸以长度计算	1.土(石)方挖运 2.管道、管件、水泵、阀门、喷头安装 3.刷防护材料 4.回填
050305002	喷泉电缆	1.保护管品种、规格 2.电缆品种、规格			1.土(石)方挖运 2.电缆保护管安装 3.电缆敷设 4.回填
050305003	水下艺术装饰灯具	1.灯具品种、规格、品牌 2.灯光颜色	套	按设计图示数量计算	1.灯具安装 2.支架制作、运输、安装
050305004	电气控制柜	1.规格、型号 2.安装方式	台		1.电气控制柜(箱)安装 2.系统调试

5.2.6　杂项

杂项工程量清单项目设置及工程量计算规则,应按表 5.10 的规定执行。

表 5.10　杂项（编码:050306）

项目编码	项目名称	项目特征	计量单位	工程量计算规则	工程内容
050306001	石灯	1.石料种类 2.石灯最大截面 3.石灯高度 4.混凝土强度等级 5.砂浆配合比	个	按设计图示数量计算	1.土(石)方挖运 2.混凝土制作、运输、浇筑、振捣、养护 3.石灯制作、安装
050306002	塑仿石音箱	1.音箱石内空尺寸 2.铁丝型号 3.砂浆配合比 4.水泥漆品牌、颜色			1.胎模制作、安装 2.铁丝网制作、安装 3.砂浆制作、运输、养护 4.喷水泥漆 5.埋置仿石音箱
050306003	塑树皮梁、柱	1.塑树种类 2.塑竹种类 3.砂浆配合比 4.颜料品种、颜色	m² (m)	按设计图示尺寸以梁柱外表面计算或以构件长度计算	1.灰塑 2.刷涂颜料
050306004	塑竹梁、柱				

续表5.10

项目编码	项目名称	项目特征	计量单位	工程量计算规则	工程内容
050306005	花坛铁艺栏杆	1. 铁艺栏杆高度 2. 铁艺栏杆单位长度重量 3. 防护材料种类	m	按设计图示尺寸以长度计算	1. 铁艺栏杆安装 2. 刷防护材料
050306006	标志牌	1. 材料种类、规格 2. 镌字规格、种类 3. 喷字规格、颜色 4. 油漆品种、颜色	个	按设计图示数量计算	1. 选料 2. 标志牌制作 3. 雕凿 4. 镌字、喷字 5. 运输、安装 6. 刷油漆
050306007	石浮雕	1. 石料种类 2. 浮雕种类 3. 防护材料种类	m²	按设计图示尺寸以雕刻部分外接矩形面积计算	1. 放样 2. 雕琢 3. 刷防护材料
050306008	石镌字	1. 石料种类 2. 镌字种类 3. 镌字规格 4. 防护材料种类	个	按设计图示数量计算	
050306009	砖石砌小摆设	1. 砖种类、规格 2. 石种类、规格 3. 砂浆强度等级、配合比 4. 石表面加工要求 5. 勾缝要求	m³ （个）	按设计图示尺寸以体积计算或以数量计算	1. 砂浆制作、运输 2. 砌砖、石 3. 抹面、养护 4. 勾缝 5. 石表面加工

5.2.7　其他相关问题的处理

园林景观工程工程量清单其他相关问题的处理,其规定如下所示。

(1)柱顶石(磉磴石)、木柱、木屋架、钢柱、钢屋架、屋面木基层和防水层等,应按《建设工程工程量清单计价规范》(GB 50500—2008)附录 A 中相关项目编码列项。

(2)需要单独列项目的土石方和基础项目,应按《建设工程工程量清单计价规范》附录 A 中相关项目编码列项。

(3)木构件连接方式应包括:开榫连接、铁件连接、扒钉连接、铁钉连接。

(4)竹构件连接方式应包括:竹钉固定、竹篾绑扎、铁丝绑扎。

(5)膜结构的亭、廊,应按《建设工程工程量清单计价规范》附录 A 中相关项目编码列项。

(6)喷泉水池应按《建设工程工程量清单计价规范》(GB 50500—2008)附录 A 中相关项目编码列项。

(7)石浮雕应按表5.11分类。

(8)石镌字种类应是指阴文和阴包阳。

(9)砌筑果皮箱、放置盆景的须弥座等,应按砖石砌小摆设项目编码列项。

表5.11　石浮雕的分类及加工

浮雕种类	加工内容
阴刻线	首先磨光磨平石料表面,然后以刻凹线(深度在2~3 mm)勾画出人物、动物或山水
平浮雕	首先扁光石料表面,然后凿出堂子(凿深在60 mm以内),凸出欲雕图案。图案凸出平面应达到"扁光"、堂子达到"钉细麻"
浅浮雕	首先凿出石料初形,凿出堂子(凿深在60~200 mm以内),凸出欲雕图形,再加工雕饰图形,使其表面有起有伏,有立体感。图形表面应达到"二遍剁斧",堂子达到"钉细麻"
高浮雕	首先凿出石料初形,然后凿掉欲雕图形多余部分(凿深在200 mm以上),凸出欲雕图形,再细雕图形,使之有较强的立体感(有时高浮雕的个别部位与堂子之间漏空)。图形表面达到"四遍剁斧",堂子达到"钉细麻"或"扁光"

5.3　园林景观工程工程量计算常用数据资料

喷泉安装工程中常用喷头的技术参数见表5.12。

表5.12　常用喷头的技术参数

序号	品名	规格	工作压力/MPa	喷水量/(m³·h⁻¹)	喷射高度/m	覆盖直径/m	水面立管高度/cm	接管
1	可调直流喷头	G1/2″	0.05~0.15	0.7~1.6	3.0~7.0		+2	外丝
2		G3/4″	0.05~0.15	1.2~3.0	3.5~8.5		+2	外丝
3		G1″	0.05~0.15	3.0~5.5	4.0~11.0		+2	外丝
4	半球喷头	G″	0.01~0.03	1.5~3.0	0.2	0.7~1.0	+15	外丝
5		G11/2″	0.01~0.03	2.5~4.5	0.2	0.9~1.2	+20	外丝
6		G2″	0.01~0.03	3.0~6.0	0.2	1.0~1.4	+25	外丝
7	牵牛花喷头	G1″	0.01~0.03	1.5~3.0	0.5~0.7	0.5~0.7	+10	外丝
8		G11/2″	0.01~0.03	2.5~4.5	0.7~1.0	0.7~0.9	+10	外丝
9		G2″	0.01~0.02	3.0~6.0	0.9~1.2	0.9~1.1	+10	外丝
10	树冰型喷头	G1″	0.10~0.20	4.0~8.0	4.0~6.0	1.0~2.0	-10	内丝
11		G11/2″	0.15~0.30	6.0~14.0	6.0~8.0	1.5~2.5	-15	内丝
12		G2″	0.20~0.40	10.0~20.0	5.0~10.0	2.0~3.0	-20	内丝
13	鼓泡喷头	G1″	0.15~0.25	3.0~5.0	0.5~1.5	0.4~0.6	-20	内丝
14		G11/2″	0.2~0.3	8.0~10.0	1.0~2.0	0.6~0.8	-25	内丝

续表5.12

序号	品名	规格	技术参数				水面立管高度/cm	接管
			工作压力/MPa	喷水量/($m^3 \cdot h^{-1}$)	喷射高度/m	覆盖直径/m		
15	加气	G11/2″	0.20~0.30	8.0~10.0	1.0~2.0	0.6~0.8	−25	外丝
16	鼓泡喷头	G2″	0.30~0.40	10.0~20.0	1.2~2.5	0.8~1.2	−25	外丝
17	加气喷头	G2″	0.10~0.25	6.0~8.0	2.0~4.0	0.8~1.1	−25	外丝
18		G1″	0.05~0.10	4.0~6.0	1.5~3.0	2.0~4.0	+2	内丝
19	花柱喷头	G11/2″	0.05~0.10	6.0~10.0	2.0~4.0	4.0~6.0	+2	内丝
20		G2″	0.05~0.10	10.0~14.0	3.0~5.0	6.0~8.0	+2	内丝
21	旋转喷头	G1″	0.03~0.05	2.5~3.5	1.5~2.5	1.5~2.5	+2	内丝
22		G12/2″	0.03~0.05	3.0~5.0	2.0~4.0	2.0~3.0	+2	外丝
23	摇摆喷头	G11/2″	0.05~0.15	0.7~1.6	3.0~7.0			外丝
24		G3/4″	0.05~0.15	1.2~2.0	3.5~8.5			外丝
25	水下	6头						
26	接线器	8头						

5.4　园林景观工程工程量计算实例

【例5.1】　某公园中的小石凳,如图5.21所示,试计算其工程量(三类土)。

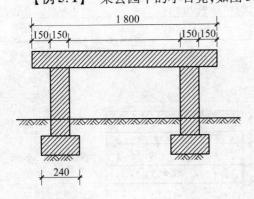
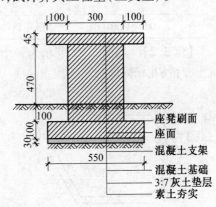

图5.21　小石凳示意图

【解】　(1)平整场地:

由于座凳有两条腿,因此整理场地不用全部平整,只做基础。

$$S/m^2 = 0.24 \times 0.55 \times 2 = 0.26$$

(2)3:7灰土垫层:

$$S/m^2 = 0.24 \times 0.55 \times 2 = 0.26$$

$$V/\mathrm{m}^3 = Sh = 0.26 \times 0.03 = 0.01$$

（3）混凝土支架：
$$V/\mathrm{m}^3 = (V_1 + V_2) \times 2 = (0.26 \times 0.1 \times 0.55 + 0.15 \times 0.3 \times 0.1) \times 2 =$$
$$(0.014\ 3 + 0.004\ 5) \times 2 =$$
$$0.04$$

（4）混凝土支架：
$$V/\mathrm{m}^3 = 0.15 \times 0.471 \times 0.3 \times 2 = 0.04$$

（5）座面：
$$V/\mathrm{m}^3 = (0.3 + 0.1 \times 2) \times 0.045 \times 1.8 = 0.041$$

（6）座凳刷面（刷水泥砂浆）：
$$S/\mathrm{m}^2 = S_{面} + 2 \times S_{腿} = 1.8 \times (0.3 + 0.1 \times 2) + (1.8 \times 0.55 \times 2) +$$
$$0.47 \times 0.3 \times 2 + 0.47 \times 0.15 \times 4 =$$
$$0.9 + 1.98 + 0.282 + 0.282 =$$
$$3.44$$

清单工程量计算见表 5.13。

表 5.13　清单工程量计算表

序号	项目编码	项目名称	项目特征描述	计量单位	工程量
1	010101001001	平整场地	三类土	m²	0.26
2	010401006001	垫层	3∶7 灰土垫层	m²	0.26
3	050304006001	石桌石凳	基础尺寸 240 mm×100 mm，凳面形状为长方表，180 mm×100 mm，支墩高 470 mm	个	1.00
4	020203001001	零星项目一般抹灰	座凳刷面	m²	3.44

【例 5.2】　如图 5.22 所示为一个六角花坛，各尺寸如图所示，求花坛内填方量、挖地坑土方量、花坛内壁抹灰工程量。

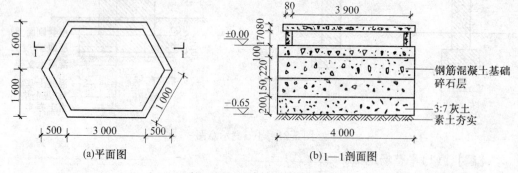

图 5.22　六角花坛示意图

【解】　（1）花坛内填土方定额工程量/m³：
$$(3 \times 3.2 + 3.2 \times 0.5) \times 0.17 = 1.90$$

（2）挖地坑土方定额工程量/m³：

$$(3 \times 3.2 + 3.2 \times 0.5) \times 0.65 = 7.25$$

（3）花坛内壁抹灰定额工程量/m^2：

$$1 \times 0.17 \times 4 + 3 \times 0.17 \times 2 = 1.70$$

清单工程量计算见表 5.14。

表 5.14 清单工程量计算表

序号	项目编码	项目名称	项目特征描述	计量单位	工程量
1	010103001001	土(石)方回填	松填	m^3	1.90
2	010101002001	挖土方	挖土深 0.65 m	m^3	7.28
3	020203001001	零星项目一般抹灰	花坛内壁抹灰	m^2	1.70

【例 5.3】 如图 5.23 所示为某花架柱子局部平面和断面及各尺寸示意图,共有 26 根柱子,求挖土方工程量及现浇混凝土柱子工程量。

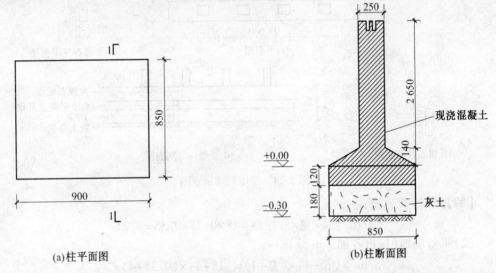

(a)柱平面图　　　(b)柱断面图

图 5.23 某花架柱子局部示意图

【解】 （1）挖土方清单工程量。

查《建设工程工程量清单计价规范》(GB 50500—2008)中表 A.1.1 可知,工程量计算规则按设计图示尺寸以体积计算,即

$$0.85 \times 0.9 \times 0.3 \times 26 = 5.97 \ m^3$$

（2）每根柱子现浇混凝土清单工程量：

查表 5.5 可知,工程量计算规则为按图示尺寸以体积计算,即

$$\frac{1}{3} \times 3.14 \times 0.14 \times \left[\left(\frac{0.25}{2} \right)^2 + \left(\frac{0.85}{2} \right)^2 + \frac{0.25}{2} \times \frac{0.85}{2} \right] + 0.25 \times 0.3 \times 2.65 =$$

$$\frac{1}{3} \times 3.14 \times 0.14 \times (0.015\ 625 + 0.180\ 625 + 0.053) + 0.199 =$$

$$\frac{1}{3} \times 3.14 \times 0.14 \times 0.249\ 25 + 0.199 =$$

$$0.236 \ m^3$$

由于有 26 根柱子,所以现浇混凝土清单工程量/m³:

$$0.236×26=6.14$$

清单工程量计算见表 5.15。

表 5.15　清单工程量计算表

序号	项目编码	项目名称	项目特征描述	计量单位	工程量
1	010101002001	挖土方	挖土深 0.3 m	m³	5.97
2	050303001001	现浇混凝土花架柱、梁	柱截面 0.25 m×0.3 m,柱高 2.65 m,共 26 根	m³	6.14

【例 5.4】　如图 5.24 所示,为一园林景墙局部,求挖地槽工程量、平整场地工程量、C10 混凝土基础工程量、砌景墙工程量(均求定额工程量)。

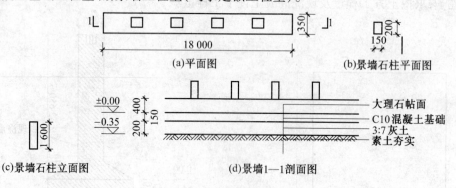

图 5.24　景墙局部示意图

【解】　(1)挖地槽:

$$V/m³=长×宽×开挖高=18×0.35×0.35=2.21$$

(2)平整场地(每边各加 2 m 计算):

$$S/m²=(长+4)×(宽+4)=(18+4)×(0.35+4)=$$
$$22×4.35=95.7$$

(3)C10 混凝土基础垫层:

$$V/m³=长×垫层断面=18×0.15×0.35=0.95$$

(4)砌景墙:

$$V/m³=V_{底部}+V_{石柱}=18×0.4×0.35+0.15×0.2×1.6×4=2.71$$

【例 5.5】　如图 5.25 所示,为一个半圆形广场,花岗石地面,四周为条石,条石宽为 150 mm,求素土夯实,挖土方、3:7 灰土、混凝土地、花岗石地面及条石工程量。

【解】　(1)定额工程量/m³:

$$\frac{1}{2}×3.14×\left(\frac{20+0.3×2}{2}\right)^2×0.3=\frac{1}{2}×3.14×106.09×0.3=49.97$$

(2)挖土方工程量/m³:

$$\frac{1}{2}×3.14×\left(\frac{20+0.3×2}{2}\right)^2×(0.3+0.4)=\frac{1}{2}×3.14×106.09×0.7=116.59$$

(3)3:7 灰土垫层工程量/m³:

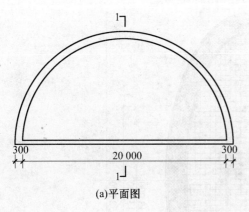

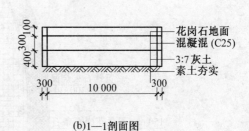

(a)平面图　　　　　　　　　　　　　　　　(b)1—1剖面图

图 5.25　半圆形广场示意图

$$\frac{1}{2}\times3.14\times\left(\frac{20+0.3\times2}{2}\right)^2\times0.4=\frac{1}{2}\times3.14\times106.09\times0.4=66.62$$

（4）混凝土基础工程量/m³：

$$\frac{1}{2}\times3.14\times\left(\frac{20+0.3\times2}{2}\right)^2\times0.3=49.97$$

（5）花岗岩地面工程量/m³：

$$\frac{1}{2}\times3.14\times\left(\frac{20}{2}\right)^2=157$$

（6）条石工程量/m：

$$20+3.14\times\frac{20+0.3\times2}{2}=52.34$$

清单工程量同定额工程量。

清单工程量计算见表 5.16。

表 5.16　清单工程量计算表

序号	项目编码	项目名称	项目特征描述	计量单位	工程量
1	010103001001	土(石)方回填	夯填	m³	49.97
2	010101002001	挖土方	挖土深 0.7 m	m³	116.59
3	010401001001	带形基础	C25 混凝土	m³	49.97
4	020102001001	石材楼地面	垫层为 3∶7 灰土垫层,厚 400 mm	m²	157

【例 5.6】　如图 5.26 所示为某旱喷泉广场的平面图,图 5.27 为旱喷泉剖面图,泵坑剖面如图 5.28 所示,试计算其工程量。

【解】　（1）平整场地：

$$S/m^2=3.14\times大小椭圆半径=3.14\times8.5\times16.3=435.05$$

（2）挖土方：

$$V/m^3=椭圆面积\times开挖高度+旱喷池开挖(低于装铺部分)+泵坑开挖=$$
$$3.14\times8.5\times16.3\times0.2+13.0\times1.19\times0.674\times2+1.6\times1.6\times1.247=$$
$$459.09$$

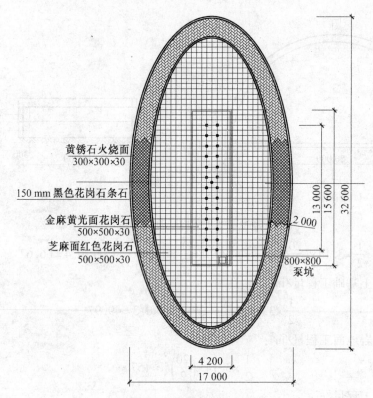

黄锈石火烧面
300×300×30

150 mm 黑色花岗石条石

金麻黄光面花岗石
500×500×30

芝麻面红色花岗石
500×500×30

800×800
泵坑

图 5.26 旱喷泉广场平面图

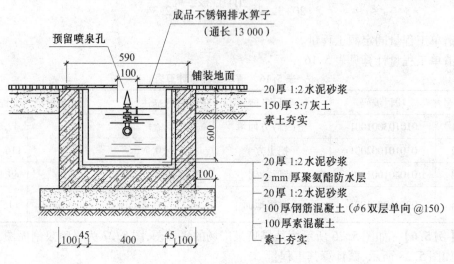

成品不锈钢排水算子
（通长 13 000）

预留喷泉孔

铺装地面

20 厚 1:2 水泥砂浆
150 厚 3:7 灰土
素土夯实

20 厚 1:2 水泥砂浆
2 mm 厚聚氨酯防水层
20 厚 1:2 水泥砂浆
100 厚钢筋混凝土（φ6 双层单向 @150）
100 厚素混凝土
素土夯实

图 5.27 旱喷泉剖面图

（3）广场面积：

1）原土夯实：

$$S/\text{m}^2 = 3.14 \times 8.5 \times 16.3 - 13.0 \times 0.59 \times 2 - 0.8 \times 0.8 = 419.07$$

2）3：7 灰土：

$$V/\text{m}^3 = 3.14 \times 8.5 \times 16.3 \times 0.15 - 13.0 \times 0.59 \times 2 \times 0.15 - 0.8 \times 0.8 \times 0.15 = 62.86$$

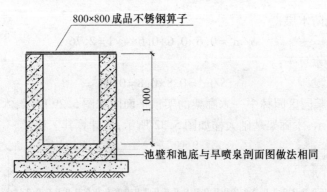

图 5.28　泵坑剖面图

3）花岗石地面面层：

$$S/\text{m}^2 = 3.14 \times (8.5-0.15\times 2)\times (16.3-0.15\times 2)-13.0\times 0.59\times 2-0.8\times 0.8 = 395.99$$

4）黑色花岗石条石：

$$L/\text{m} = 椭圆周长 = 3.14 \times \sqrt{2\times (8.5^2+16.3^2)} = 81.63$$

（4）旱喷池：

1）原土夯实：

$$S/\text{m}^2 = 13.0\times 0.89\times 2 = 23.14$$

2）C10 混凝土基础垫层：

$$V/\text{m}^3 = 13.0\times 0.89\times 0.1\times 2 = 2.31$$

3）混凝土池：

$$V/\text{m}^3 = 池底+池壁 = 13.0\times (0.69\times 0.1+0.65\times 0.1\times 2)\times 2 = 5.17$$

4）1∶2 水泥砂浆抹面（两次）：

$$S/\text{m}^2 = (13.0\times 0.4+13.0\times 0.6\times 2)\times 2\times 2 = 83.2$$

5）抹聚氨酯防水层：

$$S/\text{m}^2 = (13.0\times 0.4+13.0\times 0.6\times 2)\times 2 = 41.6$$

6）不锈钢排水算子：

$$S/\text{m}^2 = 13.0\times 0.59 = 7.67$$

（5）泵坑：

1）原土夯实：

$$S/\text{m}^2 = 1\times 1 = 1$$

2）C10 混凝土基础垫层：

$$V/\text{m}^3 = 1\times 1\times 0.1 = 0.1$$

3）混凝土池：

$$V/\text{m}^3 = 池底+池壁 = 0.8\times 0.8\times 0.1+(0.8\times 1\times 0.1+0.6\times 1\times 0.1)\times 2 = 0.34$$

4）1∶2 水泥砂浆抹面（两次）：

$$S/\text{m}^2 = (0.6\times 0.6+0.6\times 4\times 1)\times 2 = 5.52$$

5)抹聚氨酯防水层：

$$S/m^2 = 0.6 \times 0.6 + 0.6 \times 4 \times 1 = 2.76$$

6)不锈钢排水箅子：

$$S/m^2 = 0.8 \times 0.8 = 0.64$$

【例5.7】　某园区园林中一木廊架的架顶平面图如图5.29所示,木廊架立面图如图5.30、图5.31所示,木廊架基础大样如图5.32所示,试计算其工程量。

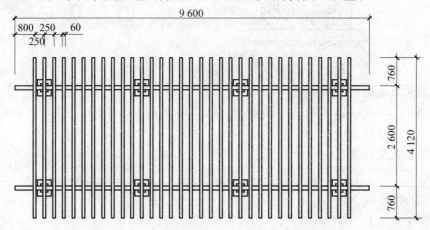

图5.29　木廊架顶平面图

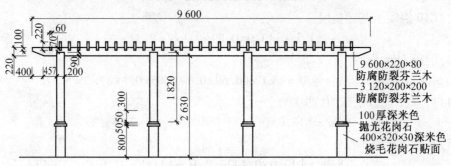

图5.30　木廊架立面图(一)

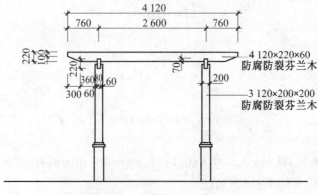

图5.31　木廊架立面图(二)

【解】　(1)平整场地：

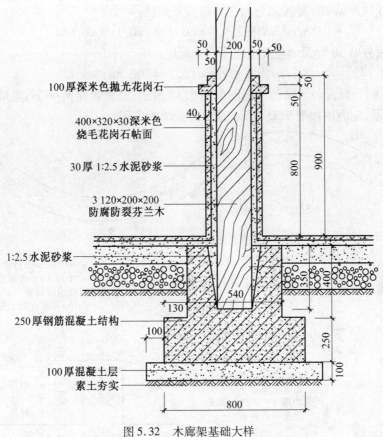

图 5.32 木廊架基础大样

$$S/\mathrm{m}^2 = 长 \times 宽 = 9.6 \times 4.12 = 39.55$$

（2）柱基础：

1）挖地坑：

$$V/\mathrm{m}^3 = 长（加工作面）\times 宽（加工作面）\times 高 = 1.6 \times 1.6 \times 0.75 \times 8 = 15.36$$

2）C10 混凝土基础垫层：

$$V/\mathrm{m}^3 = 断面 \times 高 = 1 \times 1 \times 0.1 \times 8 = 0.8$$

3）C20 钢筋混凝土基础：

$$V/\mathrm{m}^3 = 断面 \times 高 =$$
$$0.8 \times 0.8 \times 0.25 \times 8 + (0.54 \times 0.54 \times 0.4 - 0.2 \times 0.2 \times 0.35) \times 8 =$$
$$2.1$$

（3）木廊架：

1）木柱：

$$V/\mathrm{m}^3 = 3.12 \times 0.2 \times 0.2 \times 8 = 1.00$$

2）木梁：

$$V/\mathrm{m}^3 = 9.6 \times 0.22 \times 0.08 \times 2 = 0.34$$

3）木檩条：

$$V/\mathrm{m}^3 = 4.12 \times 0.22 \times 0.06 \times 33 = 1.79$$

4)木立柱外贴100厚深米色抛光花岗石光面层:

$$S/\text{m}^2 = 周圈长 \times 高 = (0.2 \times 4) \times 0.1 \times 8 = 0.64$$

5)木柱外贴30厚深米色烧毛花岗石光面层:

$$S/\text{m}^2 = 周圈长 \times 高 = (0.2 \times 4) \times 0.8 \times 8 = 5.12$$

【例5.8】 某园林景墙的平面图如图5.33所示,景墙弧长5.64 m,景墙的立面图如图5.34所示,剖面图如图5.35所示,试计算景墙的工程量。

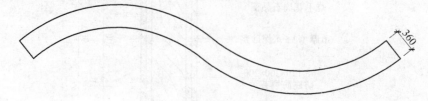

图5.33　园林景墙平面图

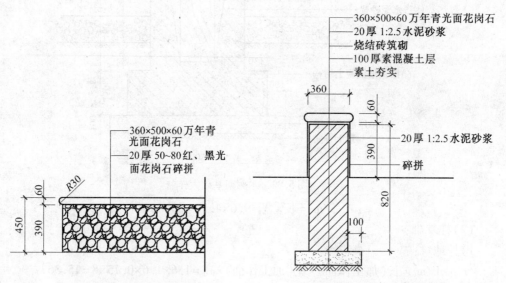

图5.34　园林景墙立面图　　　　图5.35　园林景墙剖面图

【解】 (1)平整场地:

$$S/\text{m}^2 = (长+2) \times (宽+2) = (5.64+2) \times (0.36+2) = 18.03$$

(2)挖地槽:

$$V/\text{m}^3 = 长 \times 宽(考虑工作面) \times 并挖高 =$$
$$5.64 \times (0.36+0.2+0.6) \times (0.82+0.1-0.39) = 3.47$$

(3)回填土:

$$V/\text{m}^3 = 挖土量 \times 0.6 = 3.47 \times 0.6 = 2.08$$

(4)C10混凝土基础垫层:

$$V/\text{m}^3 = 长 \times 垫层断面 = 5.64 \times 0.56 \times 0.1 = 0.32$$

(5)砌圆弧景墙:

$$V/\text{m}^3 = 长 \times 墙体断面 = 5.64 \times 0.36 \times 0.82 = 1.66$$

(6)花岗石压顶(60厚):

$$S/\mathrm{m}^2 = 5.64 \times 0.36 = 2.03$$

(7)景墙两面贴碎拼花岗石:

$$S/\mathrm{m}^2 = 长 \times 贴面高 \times 面数 = 5.64 \times 0.39 \times 2 = 4.40$$

【例5.9】　现有一带座凳的花池,其平面图如图 5.36 所示,剖面图如图 5.37 所示,试计算其工程量。

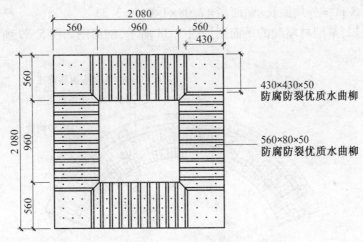

图 5.36　花池平面图

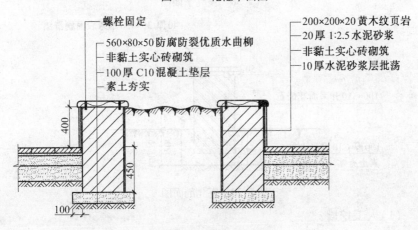

图 5.37　花池剖面图

【解】　(1)挖地坑:

$$V/\mathrm{m}^3 = 断面(考虑留工作面) \times 开挖高 =$$
$$(2.08+0.2+0.3\times2) \times (2.08+0.2+0.3\times2) \times (0.45+0.1) =$$
$$4.56$$

(2)回填种植土:

$$V/\mathrm{m}^3 = 内断面 \times 填土高 \times 虚土折松土系数 =$$
$$0.96 \times 0.96 \times (0.45+0.4+0.1) \times 1.25 = 1.09$$

(3)C10 混凝土基础垫层:

$$V/\mathrm{m}^3 = 中心线长 \times 断面 = (0.96+0.56) \times 4 \times 0.76 \times 0.1 = 0.46$$

（4）砌花池：

$$V/\mathrm{m}^3 = 中心线长\times断面 = (0.96+0.56)\times4\times0.56\times(0.45+0.4) = 2.89$$

（5）木座凳板：

$$S/\mathrm{m}^2 = 中心线长\times宽 = (0.96+0.56)\times4\times0.56 = 3.40$$

（6）池外贴黄木纹页岩：

$$S/\mathrm{m}^2 = 外周圈长\times贴面高 = 2.08\times4\times0.4 = 3.33$$

【例5.10】　某园林座凳的平面图如图5.38所示，剖面图如图5.39所示，试计算座凳的工程量。

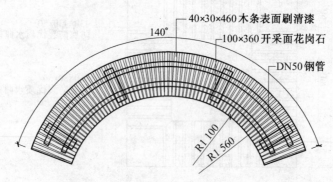

图5.38　座凳平面图

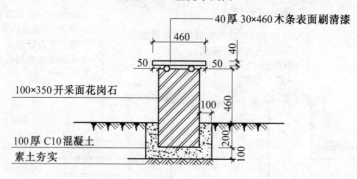

图5.39　座凳剖面图

【解】　（1）人工挖槽：

$$V/\mathrm{m}^3 = (0.36+0.2)\times(0.1+0.2)\times0.3\times4 = 0.20$$

（2）C10混凝土垫层：

$$V/\mathrm{m}^3 = (0.36+0.2)\times(0.1+0.2)\times0.3\times4-0.36\times0.1\times0.2\times4 = 0.17$$

（3）开采面花岗石：

$$N = 4\ 块$$

（4）木板条座凳：

$$V/\mathrm{m}^3 = 0.46\times0.03\times0.04\times59(块) = 0.03$$

第6章 园林工程竣工结算与竣工决算

6.1 园林工程竣工验收

6.1.1 竣工验收的概念

工程竣工验收是指由建设单位、施工单位和项目验收委员会,以项目批准的设计任务书和设计文件,以及国家或部门颁发的施工验收规范和质量检验标准为依据,按照一定的程序和手续,在项目建成并试生产合格后(工业生产性项目),对工程项目的总体进行检验和认证、综合评价和鉴定的活动。竣工验收是建设工程的最后阶段。一个单位工程或一个建设项目在全部竣工后进行检查验收及交工,是建设、施工、生产准备工作进行检查评定的重要环节,也是对建设成果和投资效果的总检验。

6.1.2 竣工验收的内容

工程项目竣工验收的内容依据工程项目的不同而不同,通常包括工程资料验收和工程内容验收。

1. 工程资料验收

工程资料验收包括工程技术资料、工程财务资料和工程综合资料。

(1)工程技术资料验收内容。

1)工程地质、水文、气象、地形、地貌、建筑物、构筑物及重要设备安装位置勘察报告、记录。

2)土质试验报告、基础处理。

3)涉外合同、谈判协议、意向书。

4)设备的图纸、说明书。

5)各单项工程及全部管网竣工图等的资料。

6)设备试车、验收运转、维修记录。

7)初步设计、技术设计或扩大初步设计、关键的技术试验、总体规划设计。

8)产品的技术参数、性能、图纸、工艺说明、工艺规程、技术总结、产品检验、包装、工艺图。

9)建筑工程施工记录、单位工程质量检验记录、管线强度、密封性试验报告、设备及管线安装施工记录及质量检查、仪表安装施工记录。

(2)工程财务资料验收内容。

1)历年年度投资计划、财务收支计划。

2)历年建设资金供应(拨、贷)情况和应用情况。

3）历年批准的年度财务决算。

4）设计概算、预算资料。

5）施工决算资料。

6）建设成本资料。

7）支付使用的财务资料。

工程综合资料验收内容项目建议书及批件,可行性研究报告及批件,项目评估报告,环境影响评估报告书,设计任务书。土地征用申报及批准的文件,承包合同,招标投标文件,施工执照,项目竣工验收报告,验收鉴定书。

2. 工程内容验收

工程内容验收包括建筑工程验收和安装工程验收。对于设备安装工程(例如民用建筑物中的上下水管道、暖气、煤气、通风、电气照明等安装工程),主要验收内容包括检查设备的规格、型号、数量、质量是否符合设计要求,检查安装时的材料、材质、材种,检查试压、闭水试验、照明工程等。

6.1.3　竣工验收的条件和依据

1. 竣工验收的条件

国务院 2000 年 1 月发布的第 279 号令《建设工程质量管理条例》规定工程验收应当具备以下条件:

(1)完成建设工程设计和合同约定的各项内容。

(2)有完整的技术档案和施工管理资料。

(3)有工程使用的主要建筑材料、建筑构配件和设备的进场试验报告。

(4)有勘察、设计、施工、工程监理等单位分别签署的质量合格文件。

(5)有施工单位签署的工程保修书。

2. 竣工验收的标准

根据国家规定,工程项目竣工验收、交付生产使用,必须满足以下要求:

(1)生产性项目和辅助性公用设施,已按设计要求完成,能满足生产使用。

(2)必要的生产设施,已按设计要求建成。

(3)环境保护设施、劳动安全卫生设施、消防设施已按设计要求与主体工程同时建成使用。

(4)主要工艺设备配套经联动负荷试车合格,形成生产能力,能够生产出设计文件所规定的产品。

(5)生产准备工作能适应投产的需要。

(6)生产性投资项目,例如工业项目的土建工程、安装工程、人防工程、管道工程和通信工程等的施工和竣工验收,必须按照国家和行业施工及验收规范执行。

3. 竣工验收的范围

(1)国家颁布的建设法规规定,凡新建、扩建、改建的基本工程项目和技术改造项目(所有列入固定资产投资计划的工程项目或单项工程),已按国家批准的设计文件所规定的内容建成,符合验收标准,即工业投资项目经负荷试车考核,试生产期间能够正常生产出合格产品,形成生产能力的,或非工业投资项目符合设计要求,能够正常使用的,不论是属于哪种建设性质,都应及时组织验收,办理固定资产移交手续。有的工期较长、建设设备装置较多的大型工程,为了及时发挥其经济效益,对其能够独立生产的单项工程,也可以根据建成时间的先后顺序,分期分批地组织竣工验收;对能生产中间产品的一些单项工程,不能提前投料试车,可按生产要求与生产最终产品的工程同步建成竣工后,再进行全部验收。此外,对于某些特殊情况,工程施工虽未全部按设计要求完成,也应进行验收。这些特殊情况主要是因少数非主要设备或某些特殊材料短期内不能解决,虽然工程内容尚未全部完成,但是已可以投产或使用的工程项目。

(2)规定要求的内容已完成,但因外部条件的制约,例如流动资金不足、生产所需原材料不能满足等,而使已建工程不能投入使用的项目。

(3)有些工程项目或单项工程,已形成部分生产能力,但是近期内不能按原设计规模续建,应从实际情况出发,经主管部门批准后,可缩小规模对已完成的工程和设备组织竣工验收,移交固定资产。

4.竣工验收的依据

(1)上级主管部门对该项目批准的各种文件。

(2)工程承包合同文件。

(3)可行性研究报告。

(4)施工图设计文件及设计变更洽商记录。

(5)技术设备说明书。

(6)从国外引进的新技术和成套设备的项目,以及中外合资工程项目,要按照签订的合同和进口国提供的设计文件等进行验收。

(7)国家颁布的各种标准和现行的施工验收规范。

(8)建筑安装工程统一规定及主管部门关于工程竣工的规定。

(9)利用世界银行等国际金融机构贷款的工程项目,应按世界银行规定,按时编制《项目完成报告》。

6.1.4　工程竣工验收的形式与程序

1.工程项目竣工验收的形式

根据工程的性质及规模,分为以下三种形式:

第一种,成立竣工验收委员会验收;

第二种,事后报告验收形式,对一些小型项目或单纯的设备安装项目适用;

第三种,委托验收形式,对一般工程项目,委托某个有资格的机构为建设单位验收。

2.工程项目竣工验收的程序

工程项目全部建成,经过各单项工程的验收符合设计的要求,并具备竣工图表、竣工决算、工程总结等必要文件资料,由工程项目主管部门或建设单位向负责验收的单位提出竣工验收申请报告,按程序验收。竣工验收的一般程序如下:

（1）承包商申请交工验收。承包商在完成了合同工程或按合同约定可分步移交工程的，可申请交工验收。竣工验收一般为单项工程，但在某些特殊情况下也可以是单位工程的施工内容，诸如特殊基础处理工程等。承包商施工的工程达到竣工条件后，应先进行预检验，对不符合要求的部位和项目，确定修补措施和标准，修补有缺陷的工程部位；对于设备安装工程，要与甲方和监理工程师共同进行无负荷的单机和联动试车。承包商在完成了上述工作和准备好竣工资料后，即可向甲方提交竣工验收申请报告。一般由基层施工单位先进行自验、项目经理自验、公司级预验3个层次进行竣工验收预验收，亦称竣工预验，为正式验收做好准备。

（2）监理工程师现场初验。施工单位通过竣工预验收，对发现的问题进行处理后，决定正式提请验收时，应向监理工程师提交验收申请报告，监理工程师审查验收申请报告，若认为可以验收，则由监理工程师组成验收组，对竣工的工程项目进行初验。在初验中发现的质量问题，要及时书面通知施工单位，令其修理甚至返工。

（3）正式验收。正式验收是指由业主或监理工程师组织，业主、监理单位、设计单位、施工单位、工程质量监督站等参加的验收。正式验收的工作程序如下：

1）参加工程项目竣工验收的各方对已竣工的工程进行目测检查和逐一核对工程资料所列内容是否齐备和完整。

2）举行各方参加的现场验收会议，由项目经理对工程施工情况、自验情况和竣工情况进行介绍，并出示竣工资料，包括竣工图和各种原始资料及记录；由项目总监理工程师通报工程监理中的主要内容，发表竣工验收的监理意见；业主根据在竣工项目目测中发现的问题，按照合同规定对施工单位提出限期处理的意见。然后，暂时休会，由质检部门会同业主及监理工程师讨论正式验收是否合格。最后复会，由业主或总监理工程师宣布验收结果，质检站人员宣布工程质量等级。

3）办理竣工验收签证书，三方签字盖章。

（4）单项工程验收。单项工程验收又称交工验收，即验收合格后业主方可投入使用。由业主组织的交工验收，主要依据国家颁布的有关技术规范和施工承包合同，对以下几方面进行检查或检验：

1）检查、核实竣工项目，准备移交给业主的所有技术资料的完整性、准确性。

2）按照设计文件和合同，检查已完工程是否有漏项。

3）检查试车记录及试车中所发现的问题是否得到改正。

4）在交工验收中发现需要返工、修补的工程，明确规定完成期限。

5）检查工程质量、隐蔽工程验收资料，关键部位的施工记录等，考察施工质量是否达到合同要求。

6）其他涉及的有关问题。

经验收合格后，业主和承包商共同签署"交工验收证书"。然后由业主将有关技术资料和试车记录、试车报告及交工验收报告一并上报主管部门，经批准后该部分工程即可投入使用。验收合格的单项工程，在全部工程验收时，原则上不再办理验收手续。

（5）全部工程的竣工验收。全部施工完成后由国家主管部门组织的竣工验收，又称动用验收。业主参与全部工程竣工验收分为验收准备、预验收和正式验收三个阶段。正式验收在自验的基础上,确认工程全部符合验收标准,具备了交付使用的条件后,即可开始正式竣工验收工作。

1)发出《竣工验收通知书》。施工单位应于正式竣工验收之日的前 10 d,向建设单位发送《竣工验收通知书》。

2)组织验收工作。工程竣工验收工作由建设单位邀请设计单位及有关方面参加,同施工单位一起进行检查验收。国家重点工程的大型工程项目,由国家有关部门邀请有关方面参加,组成工程验收委员会,进行验收。

3)签发《竣工验收证明书》并办理移交。在建设单位验收完毕并确认工程符合竣工标准和合同条款规定要求以后,向施工单位签发《竣工验收证明书》。

4)进行工程质量评定。建筑工程按设计要求和建筑安装工程施工的验收规范和质量标准进行质量评定验收。验收委员会或验收组,在确认工程符合竣工标准和合同条款规定后,签发竣工验收合格证书。

5)整理各种技术文件材料,办理工程档案资料移交。工程项目竣工验收前,各有关单位应将所有技术文件进行系统整理,由建设单位分类立卷;在竣工验收时,交生产单位统一保管,同时将与所在地区有关的文件交当地档案管理部门,以适应生产、维修的需要。

6)办理固定资产移交手续。在对工程检查验收完毕后,施工单位要向建设单位逐项办理工程移交和其他固定资产移交手续,加强固定资产的管理,并应签认交接验收证书,办理工程结算手续。工程结算由施工单位提出,送建设单位审查无误后,由双方共同办理结算签认手续。工程结算手续办理完毕,除施工单位承担保修工作(一般保修期为一年)以外,甲乙双方的经济关系和法律责任予以解除。

7)办理工程决算。整个项目完工验收后,并且办理了工程结算手续,要由建设单位编制工程决算,上报有关部门。

8)签署竣工验收鉴定书。竣工验收鉴定书是表示工程项目已经竣工,并交付使用的重要文件,是全部固定资产交付使用和工程项目正式动用的依据,也是承包商对工程项目消除法律责任的证件。竣工验收鉴定书一般包括:工程名称、地点、验收委员会成员、工程总说明、工程据以修建的设计文件、竣工工程是否与设计相符合、全部工程质量鉴定、总的预算造价和实际造价、结论,验收委员会对工程动用时的意见和要求等主要内容。至此,项目的全部建设过程全部结束。

整个工程项目进行竣工验收后,业主应及时办理固定资产交付使用手续。在进行竣工验收时,已验收过的单项工程可以不再办理验收手续,但应将单项工程交工验收证书作为最终验收的附件而加以说明。

6.2　园林工程竣工结算

6.2.1　竣工结算的概念

工程竣工结算是指一个单位工程或分项工程完工,通过建设及有关部门的验收,竣工报告报批准后,承包方按国家有关规定和协议条款约定的时间、方式向发包方代表提出结算报告,办理竣工结算。

园林工程竣工结算也可指单项工程完成并达到验收标准,取得竣工合格签证后,园林施工企业与建设单位之间办理的工程财务结算。

6.2.2　竣工结算的作用

(1)竣工结算是确定园林工程最终造价,完结建设单位与施工单位的合同关系和经济责任的依据。

(2)竣工结算是确定园林工程的最终结算价,施工企业经济核算和考核工程成本的依据,关系到企业经营效益的高低。

(3)竣工结算反映园林工程实际造价,是编制概算定额、概算指标的基础资料。

(4)竣工结算反映园林工程工作量和实物量的实际完成情况,是建设单位编报竣工决算的依据。

(5)竣工结算的工程,也是工程建设各方对建设过程的工作再认识和总结的过程,是提高以后施工质量的基础。

6.2.3　竣工结算的原则

(1)实事求是,严格执行国家和地区的各项有关规定,认真履行合同条款,编制依据充分,审核和审定手续完备。

(2)工程结算是在施工图预算的基础上,按照施工中更改变动后的情况编制的。所以,在编制中应本着对国家负责的态度,实事求是的精神,该调增的调增,该调减的调减,做到既合理又合法,正确地反映工程结算价款。

(3)在编制园林工程结算文件时,应按一定的程序和方法进行工作。

6.2.4　竣工结算的依据

(1)工程竣工报告及工程竣工验收单。

(2)经审批的原施工图预算、工程施工合同、招标投标工程的合同标价以及甲、乙双方的施工协议书。

(3)设计变更通知单、施工现场工程变更记录和经建设单位签证认可的施工技术措施和技术核定单等。

(4)预算外的各种施工签证或施工记录。

(5)本地区现行预算定额、费用定额、材料预算价格及各种收费标准、双方有关工程计价协定。

6.2.5　竣工结算的内容

工程竣工结算编制的内容和方法与施工图预算基本相同,不同处是增加施工过程中变动签证等资料为依据的变化部分,应以原施工图预算为基础,进行部分增减和调整。主要包括以下几个方面。

1. 工程量量差

工程量量差是按施工图计算的工程量与实际完成的工程量不符所产生的量差。造成量差的主要原因包括以下几个方面。

(1)设计变更。建设单位因某种原因,在开工后要求改变某些施工做法,增减某些具体工程项目。改变某些工程项目具体设计后,需增、减的工程量应根据设计修改通知单或现场签证单确定。

(2)施工内容的变更。工程开工后,建设单位提出要求改变某些施工做法,例如钢筋混凝土构件预制和现浇,树木种类的变更,假山、置石外形、体量及质地的变更,种植绿篱长度的变更,增减某些具体项目等。施工单位在施工过程中要求改变某些设计做法,例如某种建材的缺乏,需要更改或代换材料的规格型号。

施工单位在施工过程中遇到一些设计过程中不可预见的情况,例如挖基础时遇到古墓、洞穴、阴河等。这部分应在单位和施工企业双方签证的现场纪录中按合同的规定进行调整。

(3)施工图预算错误。因预算人员的疏忽大意造成的工程量差错。若发现与施工图预算所列分项工程量不符,部分应在工程验收点交时核对实际工程量予以纠正。

2. 材料价差调整

材料价差是合同规定的工程开工至竣工期内,因材料价格变化而产生的价差。

有关价差的调整以指定价、指导价、结算价方式等进行。

(1)指定价是指导价以外的材料价格,将这部分价格的调整范围和其他价格的调整范围应考虑的因素综合起来,由工程造价管理处公布综合调价系数。

(2)指导价是定额项目中指导价的材料,利用各省、地区造价管理处发布的"工程造价信息"上的有关价格和合同规定的材料预算价格或预算定额规定的材料预算价格进行竣工结算的调整。

(3)实行指导价的材料、构配件办理竣工结算时,其指导价与市场价发生正负差时不计取任何费用,仅计取税金列入工程造价。

材料价差的调整是调整结算的重要内容,应严格按照当地主管部门的有关规定进行调整。调整的价差必须依据合同规定的材料预算价格或材料预算价格的确定方法或按照有权机关发布的材料差价系数文件进行调整。材料代用发生的价差,应以材料代用核定通知单为依据,在规定范围内调整。

3. 费用调整

由于工程量的增减会影响直接费(各种人工、材料、机械价格)的变化,其间接费、利润和税金也应做相应的调整。费用差价产生的原因如下:

(1)直接费的调整,费用应作相应调整。

(2)因直接费的调整,间接费、利润和税金也应做相应调整。

(3)在施工期间国家、地方有新的费用政策出台,费用需要调整。例如国家对工人工资政策性调整或劳务市场工资单价变化。

4. 其他费用

因建设单位的原因发生的点工费、窝工费、土方运费、机械进出场费用等,应一次结清,分摊到结算的工程项目之中。施工单位在施工现场使用建设单位的水电费用,应在竣工结算时按有关规定付给建设单位,做到工完账清。

6.2.6　竣工结算的方法

1. 合同价增减法

在签订合同时商定合同价格,但没有包死,结算时以合同价为基础,按实际情况进行增减结算。

2. 合同价格包干法

在考虑了工程造价动态变化的因素后,合同价格一次包死,项目的合同价就是竣工结算造价。即

结算工程造价=经发包方审定后确定的施工图预算造价×(1+包干系数)

3. 预算签证法

按双方审定的施工图预算签订合同,凡在施工过程中经双方签字同意的凭证都作为结算的依据,结算时以预算价为基础按所签凭证内容调整。

4. 竣工图计算法

结算时根据竣工图、竣工技术资料、预算定额,依据施工图预算编制方法,全部重新计算,得出结算工程造价。

5. 平方米造价包干法

双方根据一定的工程资料,事先协商好每平方米造价指标,结算时以平方米造价指标乘以建筑面积确定应付的工程价款。即

结算工程造价=建筑面积×每平方米造价指标

6. 工程量清单计价法

以业主与承包方之间的工程量清单报价为依据,进行工程结算。

办理工程价款竣工结算的一般公式为

竣工结算工程价款=预算(或概算)或合同价款+施工过程中预算

或合同价款调整数额-预付及已结算的工程价款-未扣的保修金

6.2.7　竣工结算的程序

1. 承包方竣工结算的程序和方法

(1)收集分析影响工程量差、价差和费用变化的原始凭证。

(2)依据工程实际对施工图预算的主要内容进行检查、核对。

(3)依据收集的资料和预算对结算进行分类汇总,计算量差、价差,进行费用调整。

(4)依据查对结果和各种结算依据,分别归类汇总,填写竣工工程结算单,编制单位

工程结算。

(5)编写竣工结算说明书。

(6)编制单项工程结算。目前国家没有统一规定工程竣工结算书的格式,各地区可结合当地情况和需要自行设计计算表格,供结算使用。

2.业主竣工结算的管理程序

(1)业主接到承包商提交的竣工结算书后,应以单位工程为基础,对承包合同内规定的施工内容,包括工程项目、工程量、单价取费和计算结果等进行检查与核对。

(2)核查合同工程的竣工结算,竣工结算应包括以下几方面:

1)开工前准备工作的费用是否准确。

2)土石方工程与基础处理有无漏算或多算。

3)钢筋混凝土工程中的钢筋含量是否按规定进行了调整。

4)加工订货的项目、规格、数量、单价等与实际安装的规格、数量、单价是否相符。

5)特殊工程中使用的特殊材料的单价有无变化。

6)实际施工中有无与施工图要求不符的项目。

7)工程施工变更记录与合同价格的调整是否相符。

8)单项工程综合结算书与单位工程结算书是否相符。

(3)对核查过程中发现的不符合合同规定情况,例如多算、漏算或计算错误等,均应予以调整。

(4)将批准的工程竣工结算书送交有关部门审核。

(5)工程竣工结算书经过确认后,办理工程价款的最终结算拨款手续。

6.2.8 竣工结算的审核

1.自审

竣工结算初稿编定后,施工单位内部先组织审核、校核。

2.建设单位审核

施工单位自审后编印成正式结算书送交建设单位审核,建设单位也可委托有关部门批准的工程造价咨询单位审核。

3.造价管理部门审核

甲乙双方有争议且协商无效时,可以提请造价管理部门裁决。

各方对竣工结算进行审核的具体内容包括:核对合同条款;检查隐蔽工程验收记录;落实设计变更签证;按图核实工程数量;严格按合同约定计价;注意各项费用计取;防止各种计算误差。

6.3　园林工程竣工决算

6.3.1　竣工决算的概念及作用

竣工决算也称竣工成本决算,它分为建设单位的竣工决算和施工企业的竣工决算。前者是建设单位对所有新建、扩建和整体改造的园林工程项目竣工以后编制的决算。后者是施工企业内部对竣工的单位工程进行实际成本分析,反映其经济效果的一项决算工作。

竣工决算是以实物数量和货币指标为计量单位,综合反映竣工项目从筹建到项目竣工交付使用的全部建设费用、建设成果和财务情况的总结性文件;是竣工验收报告的重要组成部分,是正确核定新增固定资产价值,考核分析投资效果,建立健全经济责任制的依据;是反映建设项目实际造价和投资效果的文件。

6.3.2　竣工决算的内容

1. 竣工决算的文字说明

其内容为工程概况、设计概算和基本建设投资计划的执行情况,各项技术经济指标的完成情况,各项拨款的使用情况,建设工期、建设成本和投资效果分析,以及建设过程中的主要经验、存在问题及问题处理意见,各项建议等内容。

2. 竣工决算报表

园林工程决算报表同一般工程决算报表一样,可按工程规模将其分为大中型和小型项目分别制定。

3. 工程竣工图

工程竣工图是真实地记录各种地上、地下建(构)筑物等情况的技术文件,是工程进行交工验收、维护和扩建的依据,是国家的重要技术档案。国家规定:各项新建、扩建、改建的基本建设工程,特别是基础、地下建筑、管线以及设备安装等隐蔽部位,都要编制竣工图。为确保竣工图质量,必须在施工过程中(不能在竣工后)及时做好隐蔽工程检查记录,整理好设计变更文件。

6.3.3　竣工决算的编制依据

(1)经批准的可行性研究报告及投资估算。

(2)经批准的施工图设计及其施工图预算。

(3)经批准的初步设计或扩大初步设计及其概算或修正概算。

(4)设计交底或图纸会审纪要。

(5)招标投标的标底、承包合同和工程结算资料。

(6)施工记录或施工签证单,以及其他施工中发生的费用记录,例如:索赔报告与记录、停(交)工报告等。

(7)竣工图及各种竣工验收资料。

（8）设备、材料调价文件和调价记录。

（9）有关财务核算制度、办法和其他有关资料、文件等。

6.3.4　竣工决算的步骤

1. 收集、整理、分析原始资料

从园林工程开始就按编制依据的要求，收集、清点、整理有关资料，主要包括园林工程档案资料，例如：设计文件、施工记录、上级批文、概预算文件、工程结算的归集整理，财务处理、财产物资的盘点核实及债权债务的清偿，做到账账、账证、账实、账表相符。对各种设备、材料、工具、器具等要逐项盘点核实并填列清单，妥善保管，或按照国家有关规定处理，不准任意侵占和挪用。

2. 清理各项财务、债务和结余物资

在收集、整理和分析有关资料中，要特别注意建设工程从筹建到竣工投产或使用的全部费用的各项财务、债权和债务的清理，做到工程完毕，账目清晰，对各种往来款项要及时进行全面清理，为编制竣工决算提供准确的数据和结果。

3. 填写竣工决算报表

按照竣工决算有关表格中的内容和有关资料，进行统计或计算各个项目的数量，并将其结果填到相应表格的栏目内，完成所有的报表填写。这是编制建设单位项目竣工决算的主要工作。

4. 编制建设工程竣工决算说明

按照建设工程竣工决算说明的内容要求，根据编制依据材料填写报表，编写文字说明。

5. 作好园林工程造价对比分析

6. 清理、装订好竣工图

7. 按国家规定上报、审批、存档

附录　某园区园林绿化工程工程量清单计价编制实例

1. 工程量清单编制实例

<u>某园区园林绿化</u>　工程
工程量清单

招标人：<u>　　××公司　　</u>
（单位盖章）

工程造价
咨询人：<u>××工程造价咨询企业资质专用章</u>
（单位资质专用章）

法定代表人
或其授权人：<u>××公司法定代表人</u>
（签字或盖章）

法定代表人
或其授权人：<u>××工程造价咨询企业法定代表人</u>
（签字或盖章）

编制人：<u>××签字盖造价工程师或造价员专用章</u>
（造价人员签字盖专用章）

复核人：<u>××签字盖造价工程师专用章</u>
（造价工程师签字盖专用章）

编制时间：××××年××月××日

复核时间：××××年××月××日

注：此为招标人委托工程造价咨询企业编制的工程量清单的封面。

总 说 明

工程名称：某园区园林绿化工程

第 页 共 页

　　1. 工程概况：本园区位于××区,交通便利园区中建筑与市政建设均已完成。园林绿化面积约为850 m²,整个工程由圆形花坛、伞亭、连座花坛、花架、八角花坛及绿地等组成。栽种的植物主要有桧柏、垂柳、龙爪槐、大叶黄杨、金银木、珍珠海、月季等。

　　2. 招标范围：绿化工程、庭院工程。

　　3. 工程质量要求：优良工程。

　　4. 工程量清单编制依据：本工程依据《建设工程工程量清单计价规范》(GB 50500—2008)编制工程量清单,依据××单位设计的本工程施工设计图纸计算实物工程量。

　　5. 投标人在投标文件中应按《建设工程工程量清单计价规范》(GB 50500—2008)规定的统一格式,提供"分部分项工程量清单综合单价分析表"、"措施项目费分析表"。

　　6. 其他(略)。

分部分项工程量清单与计价表

工程名称:某园区园林绿化工程　　　　　　　标段:　　　　　　　第　页　共　页

序号	项目编号	项目名称	项目特征描述	计量单位	工程量	综合单价	合价	其中:暂估价
			E.1 绿化工程	m²				
1	050101006001	整理绿化用地	整理绿化用地,普坚土	m²	834.36			
2	050102001001	栽植乔木	桧柏,高1.2~1.5 m,土球苗木	株	4			
3	050102001002	栽植乔木	垂柳,胸径4.0~5.0 m,露根乔木	株	7			
4	050102001003	栽植乔木	龙爪槐,胸径3.5~4 m,露根乔木	株	6			
5	050102001004	栽植乔木	大叶黄杨,胸径1~1.2 m,露根乔木	株	6			
6	050102004001	栽植灌木	金银木,高1.5~1.8 m,露根灌木	株	92			
7	050102001004	栽植乔木	珍珠海,高1~1.2 m,露根乔木	株	62			
8	050102008001	栽植花卉	月季,各色月季,两年生,露地花卉	株	124			
9	050102010001	铺植草皮	野牛草,草皮	m²	468			
10	050103001001	喷灌设施	主线管1 m,支线管挖土深度1 m,支线管深度0.6 m,二类土。主管75UPVC管长21 m,直径40YPVC管长35 m;支管直径32UPVC管长98.6 m。美国雨鸟快速取水阀P33型10个。水表1组截止阀	m	154.80			

续表

序号	项目编号	项目名称	项目特征描述	计量单位	工程量	金额/元		
						综合单价	合价	其中：暂估价
		分部小计						
		E.2 园路、路桥、假山工程						
11	050201001001	园路	200 mm 厚砂垫层,150 mm 厚3：7 灰土垫层,水泥方格砖路面	m²	180.60			
12	010101002001	挖土方	普坚土,挖土平均厚度 350 mm,弃土运距100 m	m³	61.81			
13	050201002002	路牙铺设	3：7 灰土垫层 150 mm 厚,花岗石	m³	96.27			
		分部小计						
		E.3 园林景观工程						
14	050303001001	预制混凝土花架柱、梁	柱 6 根,高2.2 m	m³	2.42			
15	050304005001	预制混凝土桌凳	C20 预制混凝土座凳,水磨石面	个	8			
16	020203001001	零星项目一般抹灰	檀架抹水泥砂浆	m²	60.80			
17	010101003001	挖基础土方	挖八角花坛上方,人工挖地槽,土方运距100 m	m³	10.84			
18	010407001001	其他构件	八角花坛混凝土池壁,C10 混凝土现浇	m³	7.36			
19	020204001001	石材墙面	圆形花坛混凝土池壁贴大理石	m²	11.12			
20	010101003001	挖基础土方	连座花坛土方,平均挖土深度 870 mm,普坚土,弃土运距100 m	m³	9.32			
21	010401002002	现浇混凝土独立基础	3：7 灰土垫层,100 m 厚	m³	1.16			

续表

序号	项目编号	项目名称	项目特征描述	计量单位	工程量	金额/元		
						综合单价	合价	其中：暂估价
22	020202001001	柱面一般抹灰	混凝土柱水泥砂浆抹面	m²	10.23			
23	010302001001	实心砖墙	M5 混合砂浆砌筑，普通砖	m³	4.97			
24	010407001002	其他构件	连座花坛混凝土花池，C25 混凝土现浇	m³	2.78			
25	010101003003	挖基础土方	挖座凳土方，平均挖土深度 80 mm，普坚土，弃土运距 100 m	m³	0.06			
26	010101003004	挖基础土方	挖花台土方，平均挖土深度 640 mm，普坚土，弃土运距 100 m	m³	6.75			
27	010401002002	现浇混凝土基础	3：7 混凝土垫层，300 mm 厚	m³	1.06			
28	010302001002	实心砖墙	砖砌花台，M5 混合砂浆，普通砖	m³	2.47			
29	010407001003	其他构件	花台混凝土花池，C25 混凝土现浇	m³	2.82			
30	020204001002	石材墙面	花台混凝土花池池面贴花岗石	m²	4.66			
31	010101003005	挖基础土方	挖花墙花台土方，平均深度 940 mm，普坚土，弃土运距 100 m	m³	11.83			
32	010401001001	带形基础	花墙花台混凝土基础，C25 混凝土现浇	m³	1.35			

续表

序号	项目编号	项目名称	项目特征描述	计量单位	工程量	金额/元		
						综合单价	合价	其中：暂估价
33	010302001003	实心砖墙	砖砌花台，M5混合砂浆，普通砖	m³	8.29			
34	020204001003	石材墙面	花墙花台墙面贴青石板	m²	27.83			
35	010606012001	零星钢构件	花墙花台铁花式，-60×6，2.83 kg/m	t	0.12			
36	010101003006	挖基础土方	挖圆形花坛上方，平均深度800 mm，普坚土，弃土运距100 m	m³	3.92			
37	010407001004	其他构件	圆形花坛混凝土池壁，C25混凝土现浇	m³	2.73			
38	020204001004	石材墙面	圆形花坛混凝土池壁贴大理石	m²	10.05			
39	010402001001	矩形柱	混凝土柱，C25混凝土现浇	m³	1.90			
40	020202001001	柱面一般抹灰	混凝土柱水泥砂浆抹面	m²	10.30			
41	020507001001	刷喷涂料	混凝土柱面刷白色涂料	m²	10.30			
		分部小计						
		合计						

注：根据原建设部、财政部发布的《建筑安装工程费用组成》（建标[2003]206号）的规定，为计取规费等的使用，可在表中增设其中："直接费"、"人工费"或"人工费+机械费"。

措施项目清单与计价表（一）

工程名称：某园区园林绿化工程　　　　标段：　　　　　第 页 共 页

序号	项目名称	计算基础	费率/%	金额/元
1	安全文明施工费			
2	冬雨期施工费			
3	脚手架费			
4	混凝土模板及支架			
	合计			

注:1.本表适用于以"项"计价的措施项目。

2.根据建设部、财政部发布的《建筑安装工程费用项目组成》(建标[2003]206号)的规定,"计算基础"可为"直接费"、"人工费"或"人工费+机械费"。

措施项目清单与计价表(二)

工程名称:某园区园林绿化工程　　　　　　　　标段:　　　　　　　　　第　页　共　页

序号	项目编号	项目名称	项目特征描述	计量单位	工程量	金额/元	
						综合单价	合价
1	AB001	脚手架费	普通钢管满堂脚手架	m²	10.30		
			(其他略)				
			本页小计				
			合计				

注:本表适用于以综合单价形式计价的措施项目。

其他项目清单与计价汇总表

工程名称:某园区园林绿化工程　　　　　　　　标段:　　　　　　　　　第　页　共　页

序号	项目名称	计量单位	金额/元	备注
1	暂列金额	项	53 000.00	
2	暂估价		—	
2.1	材料暂估价		—	
2.2	专业工程暂估价	项		
3	计日工		22 300.00	
4	总承包服务费			
	合计			

注:材料暂估价进入清单项目综合单价,此处不汇总。

暂列金额明细表

工程名称:某园区园林绿化工程　　　　　　　　标段:　　　　　　　　　第　页　共　页

序号	项目名称	计量单位	金额/元	备注
1	政策性调整和材料价格风险	项	26 000.00	
2	工程量清单中工程量变更和设计变更	项	16 000.00	
3	其他	项	11 000.00	
	合计		53 000.00	—

注:此表由招标人填写,也可只列暂定金额总额,投标人应将上述暂列金额计入投标总价中。

材料暂估单价表

工程名称:某园区园林绿化工程　　　　　　标段:　　　　　　　　　第　页　共　页

序号	材料名称	计量单位	单价/元	备注
1	桧柏	株	9.50	
2	龙爪槐	株	30.20	
3	其他(略)			

注:1.此表由招标人填写,并在备注栏说明暂估价的材料拟用在哪些清单项目上,投标人应将上述材料暂估单价计入工程量清单综合单价报价中。

2.材料包括原材料、燃料、构配件以及按规定应计入建筑安装工程造价的设备。

计日工表

工程名称:某园区园林绿化工程　　　　　　标段:　　　　　　　　　第　页　共　页

编号	项目名称	单位	暂定数量	综合单价	合价
一	人工				
1	技工	工日	50		
	人工小计				
二	材料				
1	42.5 级普通水泥	t	16		
	材料小计				
三	机械				
1	汽车起重机 20 t	台班	6		
	机械小计				
	总计				

注:此表项目名称、数量由招标人填写,编制招标控制价时。单价由招标人按有关计价规定确定;投标时,单价由投标人自助报价,计入投标总价中。

规费、税金项目清单与计价表

工程名称:某园区园林绿化工程　　　　　　标段:　　　　　　　　　第　页　共　页

序号	项目名称	计算基础	费率/%	金额/元
1	规费			
1.1	工程排污费	按工程所在地环保部门规定按实计算		
1.2	社会保障费	(1)+(2)+(3)		
(1)	养老保险	定额人工费		
(2)	失业保险	定额人工费		
(3)	医疗保险	定额人工费		
1.3	住房公积金	定额人工费		

续表

序号	项目名称	计算基础	费率/%	金额/元
1.4	危险作业意外伤害保险	定额人工费		
1.5	工程定额测定费	税前工程造价		
2	税金	分部分工程费+措施项目费+其他项目费+规费		
	合计			

注：根据原建设部、财政部发布的《建筑安装工程费用项目组成》（建标［2003］206号）的规定，"计算基础"可为"直接费"、"人工费"或"人工费+机械费"。

2. 竣工结算总价编制实例

某园区园林绿化工程

竣工结算总价

中标价(小写)：_____198 259.05_____

（大写）：_____壹拾玖万捌仟贰佰伍拾玖元零伍分_____

结算价(小写)：_____183 968.61_____

（大写）：_____壹拾捌万叁仟玖佰陆拾捌元陆角壹分_____

发包人：___×× 公司___　　　　　　　　承包人：××建筑单位
　　（单位盖章）　　　　　　　　　　　　　（单位盖章）

工程造价　　　　　　　　　　　　　　法定代表人
咨询人：××工程造价咨询企业资质专用章　　或其授权人：××公司法定代表人
　　（单位资质专用章）　　　　　　　　　　（签字或盖章）

法定代表人　　　　　　　　　　　　　法定代表人
或其授权人：××建筑单位法定代表人　　或其授权人：××工程造价咨询企业法定代表人
　　（签字或盖章）　　　　　　　　　　　　（签字或盖章）

编制时间：××××年××月××日　　　　核对时间：××××年××月××日

注：此为招标人委托工程造价咨询企业编制的编制工程量清单的封面。

总说明

工程名称:××园区园林绿化工程工程　　　　　标段:　　　　　　　第 页 共 页

　　1.工程概况:本园区位于××区,交通便利园区中建筑与市政建设均已完成。园林绿化面积约为850 m²,整个工程由圆形花坛、伞亭、连座花坛、花架、八角花坛及绿地等组成。栽种的植物主要有桧柏、垂柳、龙爪槐、大叶黄杨、金银木、珍珠海、月季等。合同工期为 60 d,实际施工工期为 55 d。

　　2.竣工依据:

　　(1)施工合同、投标文件、招标文件。

　　(2)竣工图、发包人确认的实际完成工程量和索赔及现场签证资料。

　　(3)省建设主管部门颁发的计价定额和计价管理办法及相关计价文件。

　　(4)省工程造价管理机构发布的人工费调整文件。

　　3.本代程的合同价为 198 259.05 元,结算为 183 968.61 元。结算价比合同价节省了 14 290.44 元。

　　4.结算价说明:

　　(1)索赔及现场签证增加 26 000 元。

　　(2)规费及税金增加 506.29 元。

　　其他(略)

注:此为承包人核对竣工结算总说明。

总说明

工程名称:××园区园林绿化工程工程　　　　　标段:　　　　　　　第 页 共 页

　　1.工程概况:本园区位于××区,交通便利园区中建筑与市政建设均已完成。园林绿化面积约为850 m²,整个工程由圆形花坛、伞亭、连座花坛、花架、八角花坛以及绿地等组成。栽种的植物主要有桧柏、垂柳、龙爪槐、大叶黄杨、金银木、珍珠海、月季等。合同工期为 60 d,实际施工工期为 55 d。

　　2.竣工结算依据:

　　(1)承包人报送的竣工结算。

　　(2)施工合同、投标文件、招标文件。

　　(3)竣工图、发包人确认的实际完成工程量和索赔及现场签证资料。

　　(4)省建设主管部门颁发的计价定额和计价管理办法及相关计价文件。

　　(5)省工程造价管理机构发布的人工费调整文件。

　　3.核对情况说明(略)。

　　4.结算价分析说明(略)。

注:此为发包人核对竣工结算总说明。

工程项目竣工结算汇总表

工程名称:某园区园林绿化工程 　　　　　　标段: 　　　　　　　第 页 共 页

序号	单项工程名称	金额/元	其中	
			安全文明施工费/元	规费/元
1	某园区园林绿化工程	183 968.61	8 077.36	20 051.15
	合 计	183 968.61	8 077.36	2 0051.15

单项工程竣工结算汇总表

工程名称:某园区园林绿化工程 　　　　　　标段: 　　　　　　　第 页 共 页

序号	单项工程名称	金额/元	其中	
			安全文明施工费/元	规费/元
1	某园区园林绿化工程	183 968.61	8 077.36	20 051.15
	合 计	183 968.61	8 077.36	2 0051.15

注:本表适用于工程项目招标控制价或投标报价的汇总。暂估价包括分部分项工程中的暂估价和专业工程暂估计。

单位工程竣工结算汇总表

工程名称:某园区园林绿化工程 　　　　　　标段: 　　　　　　　第 页 共 页

序号	单项工程名称	金额/元
1	分部分项	81 990.81
	E.1 绿化工程	24 664.52
	E.2 园路、园桥、假山工程	20 698.90
	E.3 园林景观工程	36 627.39
2	措施项目	29 524.07
2.1	安全文明施工费	8 077.36
3	其他项目	46 300.00
3.1	专业工程结算价	—
3.2	计日工	22 300.00
3.3	总承包服务费	0.00
3.4	索赔与现场签证	24 000.00
4	规费	20 051.15
5	税金	6 102.58
	竣工结算总价合计=1+2+3+4+5	183 968.61

注:如无单位工程划分,单项工程也使用本表汇总。

分部分项工程量清单与计价表

工程名称:某园区园林绿化工程　　　　　　　　标段:　　　　　　　第 页 共 页

序号	项目编号	项目名称	项目特征描述	计量单位	工程量	金额/元		其中:暂估价
						综合单价	合价	
		E.1 绿化工程		m²				
1	050101006001	整理绿化用地	整理绿化用地,普坚土	m²	834.36	1.21	1 009.58	
2	050102001001	栽植乔木	桧柏,高1.2~1.5 m,土球苗木	株	4	69.54	278.16	
3	050102001002	栽植乔木	垂柳,胸径4.0~5.0 m,露根乔木	株	7	51.63	361.41	
4	050102001003	栽植乔木	龙爪槐,胸径3.5~4 m,露根乔木	株	6	73.12	438.72	
5	050102001004	栽植乔木	大叶黄杨,胸径1~1.2 m,露根乔木	株	6	82.15	492.90	
6	050102004001	栽植灌木	金银木,高1.5~1.8 m,露根灌木	株	92	30.12	2 771.04	
7	050102001004	栽植乔木	珍珠海,高1~1.2 m,露根乔木	株	62	22.48	1 393.76	
8	050102008001	栽植花卉	月季,各色月季,两年生,露地花卉	株	124	19 350	2 418.00	
9	050102010001	铺植草皮	野牛草,草皮	m²	468	19.15	8 962.20	
10	050103001001	喷灌设施	主线管1 m,支线管挖土深度1 m,支线管深度0.6 m,二类土。主管75UPVC管长21 m,直径40YPVC管长35 m;支管直径32UPVC管长98.6 m。美国雨鸟快速取水阀P33型10个。水表1组截止阀	m	154.80	42.24	6 538.75	

续表

序号	项目编号	项目名称	项目特征描述	计量单位	工程量	金额/元		其中：暂估价
						综合单价	合价	
		分部小计					24 664.52	
		E.2 园路、路桥、假山工程						
11	050201001001	园路	200 mm 厚砂垫层,150 mm 厚 3∶7 灰土垫层,水泥方格砖路面	m²	180.60	60.23	10 877.54	
12	010101002001	挖土方	普坚土,挖土平均厚度 350 mm,弃土运距 100 m	m³	61.81	26.18	1 618.19	
13	050201002002	路牙铺设	3∶7 灰土垫层 150 mm 厚,花岗石	m³	96.27	85.21	8 203.17	
		分部小计					20 698.90	
		E.3 园林景观工程						
14	050303001001	预制混凝土花架柱、梁	柱6根,高2.2 m	m³	2.42	375.36	908.37	
15	050304005001	预制混凝土桌凳	C20 预制混凝土座凳,水磨石面	个	8.00	34.05	272.40	
16	020203001001	零星项目一般抹灰	檩架抹水泥砂浆	m²	60.80	15.88	965.50	
17	010101003001	挖基础土方	挖八角花坛上方,人工挖地槽,土方运距 100 m	m³	10.84	29.55	320.32	
18	010407001001	其他构件	八角花坛混凝土池壁,C10 混凝土现浇	m³	7.36	350.24	2 577.77	
19	020204001001	石材墙面	圆形花坛混凝土池壁贴大理石	m²	11.12	284.80	3 166.98	
20	010101003001	挖基础土方	连座花坛土方,平均挖土深度 870 mm,普坚土,弃土运距 100 m	m³	9.32	29.22	272.33	

续表

序号	项目编号	项目名称	项目特征描述	计量单位	工程量	金额/元		
						综合单价	合价	其中:暂估价
21	010401002002	现浇混凝土独立基础	3：7 灰土垫层,100 m 厚	m³	1.16	452.32	524.69	
22	020202001001	柱面一般抹灰	混凝土柱水泥砂浆抹面	m²	10.23	13.03	133.30	
23	010302001001	实心砖墙	M5 混合砂浆砌筑,普通砖	m³	4.97	195.06	969.45	
24	010407001002	其他构件	连座花坛混凝土花池,C25 混凝土现浇	m³	2.78	318.25	884.74	
25	010101003003	挖基础土方	挖座凳土方,平均挖土深度80 mm,普坚土,弃土运距100 m	m³	0.06	24.10	1.45	
26	010101003004	挖基础土方	挖花台土方,平均挖土深度640 mm,普坚土,弃土运距100 m	m³	6.75	24.00	162.00	
27	010401002002	现浇混凝土基础	3：7 混凝土垫层,300 mm 厚	m³	1.06	10.00	10.60	
28	010302001002	实心砖墙	砖砌花台,M5 混合砂浆,普通砖	m³	2.47	195.48	482.84	
29	010407001003	其他构件	花台混凝土花池,C25 混凝土现浇	m³	2.82	324.21	914.27	
30	020204001002	石材墙面	花台混凝土花池池面贴花岗石	m²	4.66	2 864.23	1 3347.32	
31	010101003005	挖基础土方	挖花墙花台土方,平均深度940 mm,普坚土,弃土运距100 m	m³	11.83	28.25	334.20	
32	010401001001	带形基础	花墙花台混凝土基础,C25 混凝土现浇	m³	1.35	234.25	316.24	

续表

序号	项目编号	项目名称	项目特征描述	计量单位	工程量	金额/元		
						综合单价	合价	其中:暂估价
33	010302001003	实心砖墙	砖砌花台,M5混合砂浆,普通砖	m³	8.29	194.54	1 612.74	
34	020204001003	石材墙面	花墙花台墙面贴青石板	m²	27.83	100.88	2 807.49	
35	010606012001	零星钢构件	花墙花台铁花式, - 60 × 6, 2.83 kg/m	t	0.12	4 525.23	543.03	
36	010101003006	挖基础土方	挖圆形花坛上方,平均深度800 mm,普坚土,弃土运距100 m	m³	3.92	26.99	105.80	
37	010407001004	其他构件	圆形花坛混凝土池壁,C25混凝土现浇	m³	2.73	364.58	995.30	
38	020204001004	石材墙面	圆形花坛混凝土池壁贴大理石	m²	10.05	286.45	2 878.82	
39	010402001001	矩形柱	混凝土柱,C25混凝土现浇	m³	1.90	309.56	588.16	
40	020202001001	柱面一般抹灰	混凝土柱水泥砂浆抹面	m²	10.30	13.02	134.11	
41	020507001001	刷喷涂料	混凝土柱面刷白色涂料	m²	10.30	38.56	397.17	
		分部小计			36 627.39			
		合计					81 990.81	

注:根据原建设部、财政部发布的《建筑安装工程费用组成》(建标[2003]206号)的规定,为计取规费等的使用,可在表中增设其中:"直接费"、"人工费"或"人工费+机械费"。

工程量清单综合单价分析表

工程名称:某园区园林绿化工程　　　　　　　　　标段:　　　　　　　　　　第　页　共　页

项目编码	050102001002	项目名称	栽植乔木,垂柳	计量单位	株

清单综合单价组成明细

定额编号	定额名称	定额单位	数量	单价				合价			
				人工费	材料费	机械费	管理费和利润	人工费	材料费	机械费	管理费和利润
EA0921	普坚土种植垂柳	株	1	5.38	12.85	0.31	2.09	5.38	12.85	0.31	2.09
EA0961	垂柳后期管理费	株	1	11.71	12.13	2.21	4.13	11.71	12.13	2.21	4.13
人工单价		小　计						17.09	25.98	2.51	6.22
41.8		未计价材料费						—			
		清单项目综合单价						51.63			

材料费明细	主要材料名称、规格、型号	单位	数量	单价/元	合价/元	暂估单价/元	暂估合价/元
	垂柳	株	1	10.60	10.60	—	
	毛竹竿	根	1.100	12.54	12.54	—	
	水	t	0.680	3.20	2.18	—	
	其他材料费			—	0.66		
	材料费小计			—	25.98		

注:1. 如不使用省级或行业建设主管部门发布的计价依据,可不填定额项目、编号等。

2. 招标文件提供了暂估的材料,按暂估的单位填入表内"暂估单位"栏及"暂估合价"栏。

措施项目清单与计价表(一)

工程名称:某园区园林绿化工程　　　　　　　　标段:　　　　　　　　　　第　页　共　页

序号	项目名称	计算基础	费率/%	金额/元
1	安全文明施工费	直接费	0.66	8 077.36
2	冬、雨期施工费	人工费	1.8	1 860.41
3	脚手架费			1 432.46
4	混凝土模板及支架			1 8153.84
合计				29 524.07

注:1. 本表适用于以"项"计价的措施项目。

2. 根据建设部、财政部发布的《建筑安装工程费用项目组成》(建标[2003]206号)的规定,"计算基础"可为"直接费"、"人工费"或"人工费+机械费"。

措施项目清单与计价表(二)

工程名称:某园区园林绿化工程　　　　　　　　标段:　　　　　　　　第　页　共　页

序号	项目编码	项目名称	项目特征描述	计量单位	工程量	金额/元	
						综合单价	合价
1	AB001	脚手架费	普通钢管满堂脚手架	m²	10.30	6.53	67.26
		(其他略)					18 492.97
		本页小计					
		合计					

注:本表适用于以综合单价形式计价的措施项目。

其他项目清单与计价汇总表

工程名称:某园区园林绿化工程　　　　　　　　标段:　　　　　　　　第　页　共　页

序号	项目名称	计量单位	金额/元	备注
1	暂列金额	项		
2	暂估价			
2.1	材料暂估价			
2.2	专业工程暂估价	项		
3	计日工		22 300.00	
4	总承包服务费			
5	索赔与现场签证		24 000.00	
	合计		46 300.00	

注:材料暂估价进入清单项目综合单价,此处不汇总。

计日工表

工程名称:某园区园林绿化工程　　　　　　　　标段:　　　　　　　　第　页　共　页

编号	项目名称	单位	暂定数量	综合单价	合价
一	人工				
1	技工	工日	50.00	50.00	2 500.00
	人工小计				2 500.00
二	材料				
1	42.5 级普通水泥	t	16.00	300.00	4 800.00
	材料小计				4 800.00
三	施工机械				

续表

编号	项目名称	单位	暂定数量	综合单价	合价
1	汽车起重机 20 t	台班	6.00	2 500.00	15 000.00
	机械小计				15 000.00
	总计				22 300.00

注:此表项目名称、数量由招标人填写,编制招标控制价时。单价由招标人按有关计价规定确定;投标时,单价由投标人自助报价,计入投标总价中。

索赔与现场签证计价汇总表

工程名称:某园区园林绿化工程　　　　　　　　标段:　　　　　　　　　第　页　共　页

序号	签证及索赔项目名称	计量单位	数量	单价/元	合价/元	索赔及签证依据
1	暂停施工	—			18 000.00	001
2	砌筑花池	座	3	2 000	6 000.00	002
	本页小计				24 000.00	
	合计				24 000.00	

注:签证及索赔依据是指经双方认可的签证单和索赔依据的编号。

规费、税金项目清单与计价表

工程名称:某园区园林绿化工程　　　　　　　　标段:　　　　　　　　　第　页　共　页

序号	项目名称	计算基础	费率/%	金额/元
1	规费			20 051.15
1.1	工程排污费	按工程所在地环保部门规定按实计算		1 405.00
1.2	社会保障费	(1)+(2)+(3)		11 756.84
(1)	养老保险	定额人工费	3.5	3 578.17
(2)	失业保险	定额人工费	2	2 044.67
(3)	医疗保险	定额人工费	6	6 134.00
1.3	住房公积金	定额人工费	6	6 134.00
1.4	危险作业意外伤害保险	定额人工费	0.5	511.17
1.5	工程定额测定费	税前工程造价	0.14	244.14
2	税金	分部分工程费+措施项目费+其他项目费+规费	3.431	6 102.58
	合计			26 153.73

注:根据建设部、财政部发布的《建筑安装工程费用项目组成》(建标[2003]206 号)的规定,"计算基础"可为"直接费"、"人工费"或"人工费+机械费"。

工程款支付申请(核准)表

工程名称:某园区园林绿化工程　　　　　　标段:　　　　　　　　　编号:××

致:××公司　　　　　　　　　　　　　　　　　　　　　　　　(发包人全称)

我方于××至××期间已完成了__景观工程__工作,根据施工合同的约定,现申请支付本期的工程款额为(大写)__叁万贰仟__元,(小写)__32 000__元,请予核准。

序号	名　称	金额/元	备　注
1	累计已完成的工程价款	5 300.00	
2	累计已实际支付的工程价款	21 000.00	
3	本周期已完成的工程价款	32 000.00	
4	本周期完成的计日工金额		
5	本周期应增加和扣减的变更金额		
6	本周期应增加和扣减的索赔金额		
7	本周期应抵扣的预付款		
8	本周期应扣减的质保金		
9	本周期应增加或扣减的其他金额		
10	本周期实际应支付的工程价款	32 000.00	

承包人(章)

承包人代表　×　×

日　　期××××××

复核意见: □与实际施工情况不相符,修改意见见附件。 ☑与实际施工情况相符,具体金额由造价工程师复核。 　　　　　监理工程师__×××__ 　　　　　日　　期×年×月×日	复核意见: 　　你方提出的支付申请经复核,本期间已完成工程款额为(大写)__叁万贰仟__元,(小写)__32 000__元,本期间应支付金额为(大写)__叁万贰仟__元,(小写)__32 000__元。 　　　　　造价工程师__×××__ 　　　　　日　　期×年×月×日

审核意见:
□不同意。
□同意,支付时间为本表签发后的15 d内。

发包人(章)

发包人代表__×××__

日　　期×年×月×日

费用索赔申请(核准)表

工程名称:某园区园林绿化工程　　　　　　标段:　　　　　　　　　　编号:001

致:××公司	(发包人全称)

致:××公司　　　　　　　　　　　　　　　　　　　　(发包人全称)

　　根据施工合同条款第___16___条的约定,由于__你方工作需要__原因,我方要求索赔金额(大写)柒仟肆佰壹拾贰元伍角元,(小写)7 412.50 元,请予核准。

附:1. 费用索赔的详细理由和依据:详见附 1

　　2. 索赔金额的计算:详见附 2

　　3. 证明材料:现场监理工程现象人数确认

承包人(章)

承包人代表×××

日　　　期××××××

复核意见:

　　根据施工合同条款第___16___条的约定,你方提出的费用索赔申请经复核:

　　□不同意此项索赔,具体意见见附件。

　　☑同意此项索赔,索赔金额的计算由造价工程师复核。

监理工程师×××

日　　　期×年×月×日

复核意见:

　　根据施工合同条款第___16___条的约定,你方提出的费用索赔申请复核,索赔金额为(大写)柒仟肆佰壹拾贰元伍角,(小写)元7 412.50。

造价工程师×××

日　　　期×年×月×日

审核意见:

　　□不同意此项索赔。

　　☑同意此项索赔,与本期进度款同期支付。

发包人(章)

发包人代表×××

日　　　期×年×月×日

现场签证表

工程名称:某园区园林绿化工程　　　　标段:　　　　　　　　编号:002

施工部位	××建筑公司	日期	××年×月××日

致:××公司　　　　　　　　　　　　　　　　　　　　　　　（发包人全称）

根据××(指令人姓名)××××年××月××日的书面通知,我方要求完成此项工作应支付价款金额为(大写)参仟元,(小写)3 000 元,请予核准。

附:1. 签证事由及原因:为增强绿化,增加 3 座花池

　　2. 附图及计算式:(略)

承包人(章)

承包人代表×××

日　　　期×年×月×日

复核意见: 　你方提出的此项签证申请经复核: 　□不同意此项签证,具体意见见附件。 　☑同意此项签证,签证金额的计算由造价工程师复核。 　　　　　　　监理工程师××× 　　　　　　　日　　　期×年×月×日	复核意见: 　☑此项签证按承包人中标的计日工单价计算,金额为(大写)叁仟元,(小写)3 000 元。 　□此项签证因无计日工单价,金额为(大写)_____元,(小写)_____元。 　　　　　　　造价工程师××× 　　　　　　　日　　　期×年×月×日

审核意见:

　□不同意此项签证。

　☑同意此项签证,价款与本期进度款同期支付。

发包人(章)

发包人代表×××

日　　　期×年×月×日

附件1

关于停工通知

××项目部：

　　为使考生有一个安静的复习、休息和考试环境,为响应国家环保总局和省环保局"关于加强中高考期间环境噪声监督管理"的有关规定,请你们在高考期间(6月6日~6月8日)3天暂停施工。期间并配合上级主管部门进行工程质量检查工作。

××公司(章)

××年××月××日

附件2

索赔费用计算

编号:第××号

　　1. 人工费

　　(1)技工12人:12人×50元/工日×3天=1 800元

　　(2)壮工35人:35人×40元/工日×3天=4 200元

　　小计:6 000元

　　2. 管理费

　　6 000元×25%=1 500元

　　索赔费用合计:7 500元

参 考 文 献

[1] 中华人民共和国建设部.《建设工程工程量清单计价规范》(GB 50500—2008)[S].北京:中国计划出版社,2008.

[2] 建设部标准定额研究所.《建设工程工程量清单计价规范》宣贯辅导教材[M].北京:中国计划出版社,2008.

[3] 中华人民共和国住房和城乡建设部.《总图制图标准》(GB 50103—2010)[S].北京:中国建筑工业出版社,2011.

[4] 中华人民共和国住房和城乡建设部.《建筑制图标准》(GB 50104—2010)[S].北京:中国建筑工业出版社,2011.

[5] 中华人民共和国住房和城乡建设部.《建筑结构制图标准》(GB/T 50105—2010)[S].北京:中国建筑工业出版社,2011.

[6] 杜贵成.园林绿化工程造价细节解析与示例[M].北京:机械工业出版社,2008.

[7] 高正军.造价工程师实务手册[M].北京:机械工业出版社,2006.

[8] 高正军.园林工程概预算手册[M].长沙:湖南大学出版社,2008.

[9] 刘志梅.园林工程概预算必读[M].天津:天津大学出版社,2011.

[10] 徐涛,卢鹏.园林绿化工程预算知识问答[M].2版.北京:机械工业出版社,2006.